Holz

Holz

MATERIAL – HERSTELLUNG – PRODUKTE

CHRIS LEFTERI

avedition

Impressum

Bibliografische Information der Deutschen Bibliothek
Die Deutsche Bibliothek verzeichnet diese Publikation
in der Deutschen Nationalbibliografie; detaillierte bibliografische Daten sind im Internet über
<http://dnb.ddb.de> abrufbar.

Übersetzung aus dem Englischen
LanguageData GmbH, Bonn

Fachliche Überprüfung Botanik
Heidrun Witan

Redaktion
Anja Schrade

Konzeption der Buchreihe
Zara Emerson, RotoVision

Umschlag und Gestaltung der Buchreihe
Frost Design, London

Holzdesign und Layout
Lucie Penn

Index
Richard Raper, Indexing Specialists, Hove

Farbauszüge
Hong Kong Scanner Arts

Druck und Bindung
Midas Printing Limited, China

ISBN 3-929638-74-6

Inhalt

Neue Technologien führen bei Werkstoffen nicht immer zu Innovationen. Neue Maschinen, die extrudieren, formen, verarbeiten, kombinieren und umwandeln, sind auch nicht zwangsläufig die besten Beispiele für die Nutzung von Materialien. Gleiches gilt für die Wissenschaften, die neue Werkstoffe entdecken. Manchmal sind es die stillen, bescheidenen und intelligenten Projekte (die sonst unbemerkt blieben), die sich als die raffiniertesten erweisen. Die Designer dieser Projekte liefern uns mitunter die inspirierendsten Anwendungen von Werkstoffen, weil sie oft am sensibelsten und respektvollsten mit ihrem Arbeitsumfeld und den ihnen zur Verfügung stehenden Materialien umgehen.

Die extrudierte Gartenbank auf S. 074 zeigt neue Möglichkeiten für Holz auf. Hinter diesem Objekt steckt mehr, als es auf den ersten Blick scheinen mag. Es basiert nicht nur auf einer neuartigen Herstellungstechnik, sondern lenkt die Aufmerksamkeit auch auf ein Verfahren, bei dem aus Abfall ein absolut einzigartiges Produkt geformt wird. Bendywood™ und Flexywood™ (S. 108 und 110) sind weitere Beispiele für eine Technik, bei der normales Holz in einen Holzwerkstoff mit neuen physikalischen Eigenschaften umgewandelt wurde, die man bis vor kurzem nur mit Kunststoff in Verbindung brachte. Solche unglaublichen werkstofftechnischen Fortschritte machen Produkte von den herkömmlichen

Vorwort

Fertigungsmethoden unabhängig und werden in Zukunft eine immer größere Rolle spielen.

Man läßt sich allerdings leicht von den erstaunlichen neuen Methoden beeindrucken, die die physikalischen Merkmale von Naturwerkstoffen umwandeln, und übersieht dabei solche Projekte, die weniger technisch ausgerichtet sind. Die Technik an sich ist immer spannend und interessant, doch heutzutage, da wir uns der Ausbeutung unserer natürlichen Ressourcen mehr und mehr bewußt werden, ist es von Bedeutung, daß wir die Designer, Handwerker und Hersteller anerkennen und belohnen, die die nachhaltige Nutzung von Holz fördern und ihre Arbeit danach ausrichten. Selbst auferlegte Einschränkungen bieten Möglichkeiten für Innovation und Erfindung auf höchster Ebene. Im Hooke Park im englischen Dorset (S. 098—099) wurde im Rahmen eines lokalen Projekts ein Gebäude aus rundem Schwachholz gebaut — es wurde also ausschließlich ein Teil des Baums verwendet, der anderenfalls Abfall gewesen wäre.

Nichtsdestotrotz gibt es noch einiges zu tun, und zwar hinsichtlich der Art und Weise, wie wir Holz nutzen. Der größte Teil der Holzproduktion ist irgendwo zwischen rein technischer Innovation und intelligenten, einfallsreichen Projekten angesiedelt. Und gerade diese vage Ausgangsbasis gibt zu den größten Debatten über die Nutzung von Holz Anlaß. Wir müssen zweifelsohne die abfallsteigernden Nebenprodukte sowie das exzessive, unkontrollierte Abholzen verhindern, doch die politischen Gegebenheiten machen das Ganze leider nicht so einfach. Die Holzindustrie ist global vertreten, und der Handel mit einem bestimmten Holz eines Landes kann beträchtliche Auswirkungen auf viele Menschen in anderen Teilen der Erde nach sich ziehen. Holz wird in geradezu gefährlichem Ausmaß geschlagen und doch zugleich von uns so geschätzt; einige der billigsten und einige der teuersten Produkte bestehen aus diesem Werkstoff. Glücklicherweise entwickelt sich inzwischen ein Bewußtsein für diese Themen, da sich Designer, Architekten und Händler dazu ermutigt fühlen, sachkundigere Entscheidungen zu treffen und Verantwortung für die Herkunft dieses wohlriechenden Zellbündels zu übernehmen, das wir immer als selbstverständlich angesehen haben.

Holz hat die Fähigkeit, in uns allen den Konstrukteur und Designer hervorzubringen. Es ist so leicht verfügbar und zu handhaben; es schreit danach, geformt, geschnitzt, geritzt, geschmirgelt und genagelt zu werden. Viele von uns haben Holz schon als Kinder mit Säge, Messer oder Hammer bearbeitet und aus rohen, umherliegenden Stücken Spielzeug gemacht.

Holz zählt zu den populärsten Werkstoffen: jeder kann zumindest ein paar verschiedene Arten aufzählen. Eiche, Buche und Teak sind beispielsweise Bestandteil der Sprache des Konsums, und Holzprodukte werden in Abhängigkeit von ihren unterschiedlichen Eigenschaften verkauft. Folglich macht uns Holz zu Materialexperten: die meisten von uns suchen sich irgendwann in ihrem Leben als Konsumenten ein spezifisches Holz für den neuen Wohnzimmerboden oder Eßtisch aus.

Zahlreiche Kulturen haben sehr verschiedene Verwendungen für jeden Teil des Baums gefunden. In China dient Bambus für den Gerüstbau, da er wegen seiner Biegsamkeit tropischen Winden widersteht. In Afrika werden Palmblätter bis auf die Adern abgestreift, getrocknet und als Kehrbürsten benutzt. Holz wird in unzähligen Formen angeboten, z.B. als Holzkohle, Bauwerkstoff, Küchenzubehör und auch als das Buch, das Sie gerade in den Händen halten! Es ist schlichtweg einer der am meisten gebrauchten (und mißbrauchten) Werkstoffe, die uns zur Verfügung stehen. Holz erfüllt in unserem Alltagsleben so viele bekannte Funktionen, daß es häufig nicht mehr bemerkt wird. Und doch ist der bescheidene Baum ein Wunder der Natur.

Bis vor kurzem Zeit war Holz lange Zeit das wichtigste Material zur Herstellung von Werkzeugen, Waffen und Fahrzeugen. Im Ersten Weltkrieg diente Eschenholz als Werkstoff für den Flugzeugbau. Es war so bedeutend, daß eine als „Ariel League" bekannte Organisation gegründet wurde, die Grundstücksbesitzer in Großbritannien bat, Eschen für die Herstellung von Flugzeugen zu kaufen und zu sichern.

Holz spricht eine Sprache, die seine Qualitäten mit natürlicher Schönheit und ohne weitere Oberflächendekoration oder Werbeslogans beschreibt. Es gibt weltweit viele Baumarten, deren Namen durch ihre optischen, physikalischen oder die Sinne ansprechenden Merkmale geprägt wurden, z.B. Schlangenholz, Trauerweide, Zitterpappel, Eisenholz, Pferdefleischholz, Seidenholz u.v.a. Diese sinnträchtigen Bezeichnungen geben nicht nur einen Hinweis auf die verschiedenen Eigenschaften, sondern tragen auch zur romantischen Faszination des Materials bei.

Es ist leicht, romantische Assoziationen zu Holz aufzubauen. Es ist jedoch unverantwortlich, sich an den Traditionen und Werten zu orientieren, die Holz suggeriert, ohne an die häßliche Seite der modernen Holzproduktion zu denken. Leider weckt nicht nur Holz alleine die Gier und Respektlosigkeit, die mit der Vorliebe für ein Objekt oder eine Substanz Hand in Hand gehen. Die großflächige Abholzung sowie die Zerstörung riesiger Gebiete mit natürlich schöner Umgebung werden im Namen des Profits und Fortschritts weiter vorangetrieben. Der Zweck dieses Buchs besteht jedoch wie vorher schon bei „Kunststoff" und „Glas" nicht darin, das komplizierte Pro und Kontra der Werkstoffnutzung zu erörtern, sondern stattdessen zahlreiche Produkte, Materialien und Herstellungsverfahren vorzustellen. Wie bei allen Werkstoffen hat auch die Nutzung von Holz eine Kehrseite: ja, es fällt Abfall an, und ja, an einem wertvollen natürlichen Rohstoff wird Raubbau betrieben. In diesem Buch werden aber viele Beispiele aufgeführt, die sich mit diesen beiden Fragen befassen und intelligente und alternative Anwendungen für das finden, was normalerweise als Abfallstoff angesehen wird.

Es ist noch nicht zu spät, sich für nachhaltige Holzwirtschaft einzusetzen. Durch gut organisierte und nachhaltige Forstbewirtschaftung läßt sich Holz für viele Zwecke produzieren. Holz hat gegenüber vielen anderen Werkstoffen von Natur aus den Vorteil, daß es zu 100% erneuerbar ist. Außerdem produziert Holz selbst keine giftigen Nebenprodukte, wenn es vom Baum zum Produkt verarbeitet wird.

Kunststoff kann „in" und Glas kann „cool" sein; Holz dagegen gebietet zuviel Respekt, als daß es in oder außer Mode kommen darf. Bäume haben mit die längste Lebensdauer aller lebenden Organismen – die betagtesten Bäume sind 5.000 Jahre alt. Holz war schon lange vor uns da und wird noch lange nach uns existieren, wenn es mit dem Respekt bewirtschaftet wird, den unsere natürlichen Ressourcen verdienen.

Einleitung

Zum Gebrauch dieses Buches

Dieses Buch bietet einen Überblick über viele Holztypen und davon abgeleitete Materialien sowie Informationen über verschiedene Baumarten und Produktionsverfahren. Es führt die Material-Reihe fort und präsentiert dem wißbegierigen Leser eine reichhaltige Einführung zum Thema Holz. In den Hauptkapiteln sind zahlreiche Projekte, Produkte und Prozesse aufgeführt, die sich mit den mannigfaltigen Holzerzeugnissen und Designern befassen – beispielsweise mit beliebten klassischen Holzkonstruktionen, innovativen neuen Talenten und bisher noch nicht gesehenen Projekten.

Auf jeder Einzel- bzw. Doppelseite wird ein anderes Produkt oder Verfahren vorgestellt. Der begleitende Text ist bewußt leicht lesbar gehalten, um den Leser nicht mit zuviel technischen Details zu konfrontieren, sondern ihn in einer allgemeinverständlichen Sprache zu informieren, die hoffentlich zu neuen Ideen für Werkstoffe und Produkte anregt.

Weitere Informationen liefern auf jeder Seite die Tabellen mit den Werkstoffeigenschaften. Die Kontakt- und Internetadressen sollen nur als Richtlinie dienen und sind keinesfalls die einzige Quelle für das beschriebene Material. Auf den meisten Seiten finden sich außerdem Querverweise zu Themen an anderen Stellen des Buchs.

Das Kapitel mit den technischen Informationen dient als Bezugsquellenführer für die meisten Holzarten, die heutzutage allgemein genutzt werden. Die Hölzer werden mit spezifischen und detaillierten Angaben sowie nützlichen Illustrationen von Farbe und Maserung dargestellt. Da das Bestellen und Kaufen von Holz sehr kompliziert sein kann, enthält das Buch auch Hinweise zu einer sachkundigen Auswahl von Hölzern, die im Einklang mit nachhaltiger Forstwirtschaft steht. Der Anhang enthält auch ein Verzeichnis mit Websites von Holzorganisationen, -lieferanten und Umweltschutzverbänden.

Wie bei den Büchern über Kunststoff und Glas besteht das Ziel von „Holz" darin, einen Eindruck von den interessantesten und innovativsten Werkstoffen zu vermitteln, die es gibt. Der Leser möge also blättern, genießen und sich an den ansprechendsten Designs und Produkten erfreuen, die die Welt der Naturwerkstoffe bietet.

Das Bestellen und Kaufen von Holz ist mitunter desillusionierend. Beim Vergleich der Umweltvorteile von Baumaterialien sollte man die Auswirkungen auf die Umwelt berücksichtigen, die während der gesamten Nutzungsdauer eines Produkts anfallen – von der Gewinnung bis hin zur endgültigen Entsorgung. Holz besitzt offensichtliche Vorteile gegenüber anderen Werkstoffen: es ist erneuerbar und steht prinzipiell unbegrenzt für unsere Anwendungen zur Verfügung. Holz ist wiederverwertbar, biologisch abbaubar und ungiftig. Es hat sich auch als besonders energieeffizient erwiesen und kann eine bedeutende Rolle beim Kampf gegen die globale Erwärmung spielen.

Kann man Holz aus nachhaltig bewirtschafteten Wäldern kaufen?

Lieferanten sind unter Umständen in der Lage, Beweise darüber vorzulegen, daß ein bestimmtes Holz aus einer „nachhaltigen Quelle" (d.h. einem kontinuierlich bewirtschafteten Wald) stammt und daß das Forstmanagement wirksam kontrolliert und reguliert wird. Es gibt keine Garantie für Nachhaltigkeit – aus dem einfachen Grund, daß keine klare, übereinstimmende Meinung über die Definition der Nachhaltigkeit existiert. Inzwischen können jedoch in einigen Ländern geringe Mengen unabhängig zertifizierten Holzes bezogen werden, das aus Wäldern stammt, die verschiedenen multinationalen und nationalen Programmen gemäß geprüft werden.

Unterstehen bestimmte Hölzer dem Artenschutz?

Ja. Sie sind in Anhang 1 des Übereinkommens über den internationalen Handel mit gefährdeten Arten freilebender Tiere und Pflanzen (CITES) aufgeführt. Details der CITES-Listen können über den Link der Forests-Forever-Kampagne der britischen Timber Trade Federation (TTF) bei www.ttf.co.uk abgerufen werden.

Sollten bestimmte Arten boykottiert werden, z.B. Mahagoni und andere tropische Hölzer?

Nein. Maßgebende Studien von Organisationen wie der Weltbank oder dem Environmental Economic Centre in London zeigen, daß Handelsbeschränkungen das Problem der Abholzung nicht verhindern, sondern es sogar verstärken können, indem sie den wirtschaftlichen Wert des Waldes verringern. Einzelne Arten können aus Ländern mit sehr unterschiedlichen Umweltschutzgesetzen stammen, so daß es äußerst unfair wäre, auf Basis einer Baumart zu entscheiden.

Wie steht es mit weniger bekannten Arten?

Es ist unter Umständen sinnvoll, die Anzahl importierter Holzarten zu vergrößern. Die Nutzung von weniger bekannten Arten kann bestimmte Länder (meist in den Tropen) bei der Realisierung ihrer Nachhaltigkeitsprogramme unterstützen und den Druck auf die Arten abbauen, die bisher den Großteil ihres Geschäfts ausmachten. Man sollte allerdings bei dem Bestreben, das Angebot an Nutzhölzern zu vergrößern, keine Abstriche bei Qualität und Leistung machen. Die Auswahl des richtigen Holzes sollte sich immer nach der Gewißheit richten, daß es technisch für die Anwendung geeignet ist.

Sollte man Holz aus bestimmten Ländern gegenüber anderen bevorzugen?

Nein. Im allgemeinen es ist weitaus besser, Entscheidungen für den Einkauf auf Grundlage der umweltschutzbezogenen Leistung einzelner Lieferanten zu fällen. Durch Überprüfung der Forstpolitik eines Landes trägt man in hohem Maße zur Entwicklung einer wirkungsvollen umweltgerechten Kaufpolitik bei.

Sollte man verlangen, daß alle Hölzer von unabhängiger Stelle zertifiziert werden?

Noch nicht – aus dem einfachen Grund, daß sehr wenig zertifiziertes Holz lieferbar ist. Dies bringt eher die begrenzte Tragweite von Zertifizierungsprogrammen zum Ausdruck als die Qualität der Forstbewirtschaftung. Aus diesem Grund sollte man anhand von geeigneten Spezifikationsklauseln in Kaufverträgen alternative Garantien für die richtige Bewirtschaftung der Wälder anstreben.

Wie steht es um den illegalen Holzeinschlag?

Die TTF verurteilt jedwedes illegale Abholzen und empfiehlt Unternehmen, anhand von Dokumenten nach Beweisen zu suchen oder – falls möglich – durch Besuche vor Ort zu prüfen, ob Lieferanten gemäß den Gesetzen ihres Landes Handel betreiben.

Wie trägt man zur Abfallreduzierung bei?

Aus einem einzelnen Baumstamm wird Holz verschiedener Güteklassen gewonnen. Beschränkt man den Kauf auf die höchste Klasse, wird nur ein Teil des Baums genutzt. Wer sich aber dazu entschließt, alle Güteklassen des Holzes abzunehmen, hilft mit, den Ertrag pro Baum zu maximieren.

Wie kauft man Holz verantwortungsbewußt ein?

Der beste Weg ist die enge Zusammenarbeit mit seriösen Lieferanten, die in der Lage sein sollten, Beweise für die Umsetzung ihrer Umweltpolitik zu liefern. Sie sollten ebenfalls bestätigen können, daß alles Holz von legalen Quellen bezogen und gemäß den geltenden Forstgesetzen und -vorschriften des jeweiligen Landes bewirtschaftet wurde. Wird von einer Firma behauptet, daß ihr Holz aus einer „nachhaltig bewirtschafteten" oder „zertifizierten" Quelle stammt, sollte sie in der Lage sein, ihre Aussage mit Beweisen zu untermauern. Entsprechende Spezifikationsklauseln im Kaufvertrag können als Richtlinie gehandhabt werden.

Was ist eine Spezifikationsklausel?

Eine Spezifikationsklausel legt eine Bedingung für den Lieferanten fest, nicht dagegen für die Nachhaltigkeit oder das Herkunftsland einer bestimmten Holzart. Die folgende Spezifikationsklausel kann als Richtlinie verwendet werden:

1. Dieses Unternehmen unterstützt die Entwicklung glaubhafter Holzzertifizierungsprogramme, die auf öffentlich verfügbaren Forstnormen basieren, welche in mitwirkender, transparenter und objektiver Weise ausgearbeitet und durch unabhängige Prüfungen belegt wurden. Dieses Unterhehmen wird, soweit möglich, Holz und Holzerzeugnisse bevorzugen, die aus Waldgebieten stammen, die nach diesen Programmen zertifiziert sind.
2. In den Fällen, in denen kein von einer unabhängigen Stelle zertifiziertes Holz lieferbar ist, wird dieses Unternehmen Holz und Holzerzeugnisse von Lieferanten bevorzugen, die eine umweltfreundliche Einkaufspolitik für diese Produkte verfolgen und Beweise für die Umsetzung dieser Politik erbringen können.

Weitere Einzelheiten zur durch die Forests-Forever-Kampagne propagierten Environmental Purchasing Policy (umweltfreundliche Einkaufspolitik) sind bei der TTF erhältlich.

Diese Informationen wurden mit freundlicher Genehmigung der Timber Trade Federation abgedruckt.

Kauf von Holz

015 Harthölzer

016

Moderner Luxus

Der Walnußbaum ist sowohl wegen seines natürlichen, dekorativen Holzes als auch wegen seiner Nüsse berühmt. Von Queen-Anne-Möbeln vom Anfang des 18. Jahrhunderts bis hin zum Interieur moderner Luxusfahrzeuge: Nußbaum zählt zu den begehrtesten Furnieren.

Bei diesen mit einfachen Formen und klaren Linien gestalteten Nußbaummöbeln kontrastieren neutraler Stahl und Aluminium mit der ausgeprägten Maserung und natürlichen Farbvariation des Holzes und bringen diese gut zur Geltung. Die natürliche Schönheit der groben Maserung, der Risse und Astknoten wird durch das nüchterne Metall besonders hervorgehoben.

Der Walnußbaum produziert Tannin, das adstringierend wirkt und als Gegenmittel gegen einige Gifte dient. Das durch Destillation der Blätter gewonnene Tannin wird häufig zum Gerben von Leder verwendet, während aus den Nüssen Öl gewonnen wird.

Armsessel Byron
Design: Philipp Mainzer
Auftraggeber: E15
2000

Abmessungen	Armsessel Byron: 84 x 68 x 62 cm
	Anrichte Fara: 180 x 45 x 67,5 cm
Werkstoffeigenschaften	Farbliche Unterschiede je nach Standort
	Gerade bis wellige Maserung, grob strukturiert
	Sehr gut zum Dampfbiegen geeignet
	Leicht zu bearbeiten; Sehr glatt polierbar
Vorkommen	Europa; Kleinasien; Vorderasien
Weitere Informationen	www.e15.com
	www.viaduct.com
Anwendungsbereiche	Dekorative Furniere; Gewehrschäfte; Ladeneinrichtung;
	Möbel; Innenausbau; Fahrzeuginterieur

Anrichte Fara
Design: Philipp Mainzer
Auftraggeber: E15
2000

018

Dauerschatten

Bei diesem Projekt wird die natürliche Eigenschaft von Holz ausgenutzt, unter dauerhafter Lichteinwirkung nachzudunkeln. Dieser Holzaltar gewann einen Wettbewerb, der für eine bei einem Brand zerstörte Kirche organisiert worden war. Die Diözese entschied sich letzten Endes für einen natürlichen Werkstoff, obwohl der Altar ursprünglich aus Corian® beschaffen sein sollte. Die Wahl fiel auf das gebleichte weiße Holz des Bergahorns, das sich unerwarteterweise als das weitaus bessere Material für das Projekt erwies. Das milchweiße, gesprenkelte Holz unterstreicht die Bedeutung des Altars und bildet einen deutlichen Kontrast zum dunkleren Holz in den anderen Teilen der Kirche.

Die verschiedenen Bögen des Vorgängerbaus wurden bei der Renovierung beibehalten. Der obere Teil des Altars wirft ständig einen bogenförmigen Schatten auf seine gekrümmte Vorderseite und die hinteren Beine, wenn Licht durch das Ostfenster fällt. Dieses natürliche Licht ändert im Laufe der Zeit die Farbe des Altars und hinterläßt auf dem Holz einen dauerhaften Schatten.

Die cremeweiße Farbe des Bergahorns sorgt oft für Verwirrung in bezug auf die Namensgebung. In den USA z.B. wird er normalerweise als „Ahorn" (maple) bezeichnet und mit dem dort wachsenden Zuckerahorn verwechselt, aus dem Sirup gewonnen wird.

Holzaltar
Design: Debbie Wythe
Auftraggeber: Holy Trinity
Church, Beckenham,
Großbritannien
1997

Abmessungen	90 x 122 x 122 cm
Werkstoffeigenschaften	Meist geradfaserig, manchmal mit Wirbeln oder Wellen
	Leicht zu bearbeiten; Gut zu drechseln
	Sehr geringe Steifigkeit
	Gut zum Dampfbiegen geeignet
Vorkommen	Europa; Westasien
Weitere Informationen	www.wythe-uk.com
Anwendungsbereiche	Küchenutensilien; Fleischerwerkzeuge und -tische;
	Bodenbeläge und Drechslerholz; Geigenböden

siehe auch: Bergahorn 049; Möbel 016, 019, 021, 024, 026–027, 056, 068, 079, 083, 091, 124, 126; Ahorn 020–021, 036, 044, 070, 085, 112

Feinarbeit

Die Buche gehört in Großbritannien zu den meistgenutzten Hölzern, von Zweckmöbeln in Schulklassenzimmern bis hin zu Kücheneinrichtungen in Privathäusern. Die Oberflächen des festen, elastischen und leicht zu bearbeitenden Buchenholzes sind gut lackierbar.

Die Anregung zum Design des Schreibtisches Momentos kam von einem eigenwilligen Möbelstück auf dem Gemälde „Heiliger Hieronymus im Gehäus" des Renaissancemalers Antonello da Messina. Alle für die Funktion des Schreibtisches als überflüssig erachteten Merkmale wurden weggelassen. Das hintere Ende der Rollade ist mit einer kleinen, ausziehbaren Platte verbunden und sorgt für einen Überraschungseffekt. Man kann nach getaner Arbeit alles nach dem Motto „aus den Augen, aus dem Sinn" verstauen.

Diese Buchenart ist ähnlich hart und fest wie die europäische Esche. Maserung und Muster sind einheitlich und kontrastieren nicht mit der holzeigenen Farbe. Manuelle und maschinelle Bearbeitung, Gewindeschneiden, Schmirgeln und Bildhauern sind wegen der gleichmäßigen Dichte des Buchenholzes ohne Schwierigkeiten zu bewältigen. Diese Qualitäten werden beim Momentos-Design durch die feine, 20 mm tief gefräste Nut veranschaulicht, die nur 8 mm von der Rundkante entfernt ist.

Schreibtisch Momentos
Design: KC Lo
1998

Abmessungen	100 x 40 x 100 cm
Werkstoffeigenschaften	Feiner, einheitlich gerader Faserverlauf
	Ausgezeichnete Festigkeit
	Gut zu bearbeiten
	Sehr gut lackierbar
	Sehr gut zum Dampfbiegen geeignet
Vorkommen	Mitteleuropa und Westasien
Weitere Informationen	www.mosstimber.co.uk; kc@netmatters.co.uk
Anwendungsbereiche	Schuhleisten; Schuhspanner; Werkzeuggriffe; Spielzeug; Möbel; Bürstengriffe; Möbeltischlerei; Sportgeräte; Drechslerwaren; Küchenutensilien; Teile von Musikinstrumenten

siehe auch: Buche 060, 062, 085, 110; Möbel 016, 018, 021, 024, 026–027, 056, 068, 079, 083, 091, 124, 126; Esche 022, 110

Was dahintersteckt

siehe auch: Ahorn 018, 021, 036, 044, 070, 085, 112

Das extrem harte, cremeweiße Ahornholz ist für einen Funktionsgegenstand mit derart vielen Löchern offensichtlich besonders geeignet. Die Löcher haben aber nicht nur einen dekorativen Zweck, sondern verbergen auch die Logik der Struktur, die sozusagen die Matrix eines durchdachten Konzepts darstellt.

„Ich wollte ihn optisch und physikalisch leichter machen und bohrte deshalb einige Löcher in den Stuhl", so Gijs Bakker. Die Größe der Löcher verdeutlicht, wo die größte bzw. geringste Tragfähigkeit erforderlich ist. Je größer das Loch, um so weniger wird die betreffende Stelle belastet. Der Stuhl war nach den Bohrungen fast ein Drittel leichter als vorher.

Abmessungen	44 x 43 x 78 cm
Werkstoffeigenschaften	Sehr abrieb- und verschleißfest
	Schwer zu bearbeiten; Gut zum Dampfbiegen geeignet
	Einigermaßen gut beiz- und lackierbar
	Feine, gleichmäßige Maserung; Mittelschweres Holz
	Normalerweise geradfaserig
	Für Nägel und Schrauben Vorbohren erforderlich
Vorkommen	Europa; USA; Kanada
Anwendungsbereiche	Bodenbeläge für Häuser und Industrie; Squashplätze;
	Kegelbahnen; Rollschuhbahnen; Schuhleisten;
	Rollen in der Textilproduktion; Möbel und
	Drechslerwaren; Nebenprodukt Ahornsirup

Stuhl mit Löchern
Design: Gijs Bakker
1989

Seriös

Die Geschichte der Serienfertigung kennt unzählige Beispiele, bei denen Holz dekorativ eingesetzt wurde: von Fernsehgeräten und Stereoanlagen bis hin zu Innenausstattungen und Karosserien von Fahrzeugen. Sowohl echte als auch künstliche Holzdekors werden schon seit langem dazu benutzt, die Produktqualität zu verbessern.

Häufig soll mit Büromöbeln geschäftliche Seriosität vermittelt werden, besonders in den USA. Kaum ein anderer Werkstoff verkörpert Qualität, Zuverlässigkeit und Sicherheit so gut wie Holz. Die fahrbaren Büromöbel der Reihe Shuttle werden aus Ahorn und Kirschbaum hergestellt – also Holzarten, die von ihrer Struktur her die Integrität und Dauerhaftigkeit aufweisen, die für diese Produktart verlangt wird. Geschäftsleute können das Umfeld ihres Arbeitsplatzes mit diesen modernen Büromöbeln flexibel gestalten und zugleich signalisieren, daß ihnen traditionelle Werte wichtig sind.

Werkstoffeigenschaften	**Sehr abrieb- und verschleißfest**
	Schwer zu bearbeiten; Gut zum Dampfbiegen geeignet
	Einigermaßen gut beiz- und lackierbar
	Feine, gleichmäßige Maserung; Mittelschweres Holz
	Normalerweise geradfaserig
	Für Nägel und Schrauben Vorbohren erforderlich
Vorkommen	**Europa; USA; Kanada**
Weitere Informationen	**www.gunlocke.com**
Anwendungsbereiche	**Bodenbeläge für Häuser und Industrie; Squashplätze;**
	Kegelbahnen; Rollschuhbahnen; Schuhleisten;
	Rollen in der Textilproduktion; Möbel; Drechslerwaren;
	Nebenprodukt Ahornsirup

Kastenmöbel

siehe auch: Serienfertigung 025, 047, 086, 116, 123, 128, 131; Fahrzeuge 016, 106, 112; Möbel 016, 018–019, 024, 026–027, 056, 068, 079, 083, 091, 124, 126; Ahorn 018, 020, 036, 044, 070, 085, 112

Fest und elastisch

Von Transportmitteln bis hin zu Kriegswaffen: das für seine Elastizität bekannte Eschenholz gehört zu den robustesten einheimischen Hölzern und besitzt außerdem sehr gute stoßdämpfende Eigenschaften.

Die Hocker von Hans Sandgren Jakobsen wurden für das „Walk-the-Plank"-Projekt gestaltet (Anlehnung an das Über-die-Planke-laufen-lassen bei den Piraten). Dabei erhielten 40 Designer jeweils eine Holzbohle, aus der ein Sitzobjekt gefertigt werden sollte. Hans erklärte dazu: „Es war etwas Besonderes, ein Produkt ohne irgendein kommerzielles Interesse zu entwickeln — ein amüsanter Auftrag und eine gute Gelegenheit, sich einmal auszutoben und verrückt zu spielen."

Die wie eine Skulptur gestalteten Hocker Rockable (schaukelbar) und Unrockable (nicht schaukelbar) sind zweifelsohne ungewöhnliche Sitzmöglichkeiten. Der Rockable besteht aus 37 Stöcken, die an einem kreisförmigen Fuß mit rund gedrechselter Unterseite befestigt sind. Der Unrockable folgt demselben Prinzip, nur daß hier 35 Stöcke in einem rechteckigen Fuß stecken.

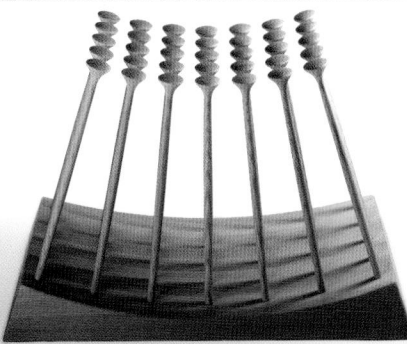

Hocker Rockable und
Unrockable
Design: Hans
Sandgren Jakobsen
Herstellung: HB Trædrejeri und
Lars Verner 1999

Werkstoffeigenschaften	Geradfaserig; Grobe Maserung
	Sehr gut zu bearbeiten nach Dampfbiegen
	Extrem belastbar; Gute Elastizität
Vorkommen	USA; Kanada; Europa; Japan
Weitere Informationen	www.trannon.com
	www.hans-sandgren-jakobsen.com
Anwendungsbereiche	Waggonbau; Hockeyschläger; Billardstöcke; Kricketstäbe;
	Sportgeräte; Stiele für Hämmer, Schaufeln und Äxte;
	Ruder; Frühe Fahrzeuge; Flugzeugbau

siehe auch: Esche 019, 022, 110; Elastisch 022, 054, 058-059, 108, 115, 118, 123

Feines Möbelholz

**Kabinettschrank
Eighteen
Design und
Herstellung:
John Makepeace
1996**

„Was mich besonders interessiert, ist die ihren besten Eigenschaften entsprechende Nutzung von Werkstoffen", so John Makepeace, einer der weltweit führenden Designer und Hersteller von Holzmöbeln. Er gründete 1977 die Stiftung Parnham Trust, wo er Holzmöbeldesign lehrt und uns mit seinen eigenen Designprodukten inspiriert und begeistert. Seine innovative Verwendung von Holz beim Bau des Hooke Park College belegt sein Interesse und Verantwortungsbewußtsein für die Nutzung nachhaltiger Werkstoffe in der Architektur.

Johns Erzeugnisse würdigen Holz in all seinen funktionellen und ästhetischen Formen. Bei seinen Möbelstücken kommen zum Teil mehrere Holzarten zum Einsatz. Für den Hauptrahmen und die Schubladen des Kabinettschranks Eighteen wurde englisches Kirschbaumholz wegen seiner Verarbeitungsqualität und der interessanten Farbe gewählt. Die Oberfläche besteht aus Ulme, während die Schubladen auf Leisten aus reibungsverträglichem Hainbuchenholz laufen.

Abmessungen	**78 x 42 x 140 cm**
Werkstoffeigenschaften	**Gut bieg- und bearbeitbar**
	Festigkeit ähnlich wie Eiche
	Sehr gut zum Drechseln geeignet
	Faserverlauf normalerweise gerade, fein und gleichmäßig
Vorkommen	**Europa; Nordafrika; Westasien**
Weitere Informationen	**www.johnmakepeace.com**
Anwendungsbereiche	**Möbel; Besteck; Teile von Musikinstrumenten**

Variation

Der Whole Chair von David Landess besteht aus Hunderten verschieden großer Klötze aus Kirschbaumholz. Er wurde zunächst seitlich aus einer schleifenartigen Form heraus konstruiert und aufrecht gestellt, als die Endform fertig war. „Das Konzept für den Whole Chair war von der Idee geprägt, das allgegenwärtige Bausteinprinzip zu nutzen; diese sehr einfache und alte Methode zur Herstellung einer räumlichen Struktur ist möglicherweise das früheste Beispiel für die Serienfertigung als Werkzeug und Verfahren", so David.

Whole Chair
Design: David Landess

Werkstoffeigenschaften	Gut bieg- und bearbeitbar
	Festigkeit ähnlich wie Eiche
	Sehr gut zum Drechseln geeignet
	Faserverlauf normalerweise gerade, fein und gleichmäßig
Vorkommen	Europa; Nordafrika; Westasien
Anwendungsbereiche	Möbel; Besteck; Teile von Musikinstrumenten

siehe auch: Kirschbaum 024; Serienfertigung 021, 047, 086, 116, 123, 128, 131

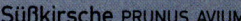

026

Englische Gartenmöbel

Der dem üblichen Industriedesign auferlegten Einschränkungen überdrüssig, fertigten Anthony, Fiona und Michael eine Reihe von Objekten an, die sich mit dem Ritualhaften und Exzentrischen befaßt, das das Verhältnis der Engländer zu ihren Gärten bestimmt.

Anthony Dunne erklärte dazu: „Wir sind am Bau von Möbelstücken interessiert, die das Verhalten der Menschen beeinflussen. Wir wollten ein Projekt realisieren, das für dieses Konzept als Beispiel dienen sollte. Wir propagieren weder Ordnung noch Sauberkeit. Wir sind das Unkraut in der Welt des Möbeldesigns."

Das Eichenholz wurde wegen seiner ausgeprägten historischen Verknüpfung mit englischen Möbeln ausgesucht. Seine physikalischen und ästhetischen Qualitäten waren dabei von geringerer Bedeutung, da es an sich nicht das beste Holz für Außenmöbel ist. Das mit „Weeds, Aliens and other Stories" (Unkraut, Aliens und andere Geschichten) betitelte Projekt umfaßt z.B. den Tisch Cucumber Sandwich zum Anpflanzen, Geraderichten und Präsentieren von Salatgurken. Die Cricket Box ist eine Schublade mit CD-Player zum Abspielen von Gartengeräuschen. Es gibt sogar sprechende Schildchen (Talking Tabs) für Blumentöpfe, die Gedichte oder Kochrezepte für Pflanzen aufsagen. Diese bizarren Objekte provozieren, stellen Beziehungen, Gebräuche und Rituale in Frage und sorgen für interessante Konversation im Garten!

Abmessungen	Cricket Box: 40 x 15 x 125 cm
	Cucumber Sandwich: 100 x 35 x 42 cm
Herstellung	Mit verschiedenen Verfahren handgefertigt
Werkstoffeigenschaften	Grobe Maserung
	Gerader, ausgeprägter Faserverlauf
	Gut bearbeit- und lackierbar
Weitere Informationen	www.michaelanastassiades.com
Anwendungsbereiche	Innenmöbel; Rahmen; Türen; Vertäfelungen;
	Kirchenbänke

Weeds, Aliens
and other Stories
Design: Anthony Dunne,
Fiona Raby, Michael
Anastassiades
1998

Witterungsbeständig

Teakholz wird oft mit hochwertigen Gartenmöbeln und Decksplanken von Luxusyachten in Verbindung gebracht. Es eignet sich wegen seiner natürlichen Witterungsbeständigkeit und Härte besonders für den Außenbereich. Das Geheimnis seiner Immunität gegen Wettereinflüsse sind die natürlichen Öle, die die Poren verstopfen und dadurch Konservierungsmittel und Pflegemaßnahmen überflüssig machen. Teak ähnelt in dieser Hinsicht dem Irokoholz, das häufig als Alternative verwendet wird.

Leider ist der Kauf dieses Wertholzes eine Gewissensfrage. Das meiste Teakholz stammt aus Kolonialplantagen auf Java, wo immer noch Elefanten die Baumstämme ziehen und ein Großteil des Holzes nicht zertifiziert ist.

Abmessungen	90 x 60 x 75 cm
Werkstoffeigenschaften	Mittelschweres Holz
	Gut zum Dampfbiegen geeignet
	Ausgezeichnete Maßhaltigkeit über einen großen Temperaturbereich
	Gute Chemikalienbeständigkeit
	Mäßig leicht zu bearbeiten
Vorkommen	Indien; Südostasien; Karibik; Westafrika
Weitere Informationen	www.tribu.be; www.sydenhams.co.uk
	www.moderngarden.co.uk
Anwendungsbereiche	Schiffbau; Möbeltischlerei; Gartenmöbel; Chemikalienbehälter; Labortische; Bohlenbeläge

Fahrbarer Serviertisch
Design: Wim Seyers
Auftraggeber: Tribu
2000

siehe auch: Möbel 016, 018–019, 021, 024, 026, 056, 068, 079, 083, 091, 124, 126

Alles aus einem Baum

Die Eiche kommt häufig in volkstümlichen englischen Geschichten vor und wird deshalb als der Inbegriff des englischen
Holzes gesehen. Das von Gary Olson und Peter Toaig in Tas-
manien initiierte und noch laufende Projekt „One Tree" befaßt
sich mit der Entwicklung von unterschiedlichen Anwendungen
für diesen „typisch englischen" Baum.

Die Geschichte des One-Tree-Projekts begann im November
1998, als sich eine Gruppe von Handwerkern, Künstlern,
Designern und Gemeindemitgliedern bildete, die für eine
nachhaltigere und positivere Zukunft für Tasmaniens Wälder
eintreten wollte. Die Gruppe konzentrierte sich dabei auf eine
bestimmte, 170 Jahre alte Eiche, die andernfalls zu Holzspänen
verarbeitet worden wäre. Das Projekt hat bis jetzt 10.000 aus-
tralische Dollar eingebracht, basierend auf dem höchsten Gebot
für jedes Kunstwerk. Dieses Geld dient dazu, das One-Tree-
Beispiel auf die Neubewertung ganzer Wälder auszudehnen.

Das Projekt fördert durch die Einbeziehung von Leuten aus
verschiedenen kreativen Berufen das Bewußtsein für die
zahlreichen Nutzungsmöglichkeiten des Baums. Von der Rinde,
die zur Herstellung eines Kleides und zum Gerben von Leder
genutzt wurde über die Blätter, die zur Papierherstellung
dienen über das Sägemehl für das Räuchern von Schinken bis
hin zu einer Holzascheglasur für Keramiktöpfe: bei diesem
Baum wurde keine der potentiellen Ressourcen übersehen.

Abmessungen	Je 108 x 18 x 6 cm
Werkstoffeigenschaften	Grobe Maserung
	Gerader, ausgeprägter Faserverlauf
	Gut bearbeit- und lackierbar
	Gute Wasserbeständigkeit
	Sehr gut zum Dampfbiegen geeignet
Vorkommen	Europa; Kleinasien; Nordafrika
Weitere Informationen	www.onetree.org
Anwendungsbereiche	Möbel; Bodenbeläge; Bootsbau; Wein- und Whiskyfässer;
	Innenmöbel; Rahmen; Türen; Vertäfelungen;
	Kirchenbänke; Schnitzholz

One-Tree-Wandkästen
Design: Gill Wilson
2000

siehe auch: Eiche 026, 103, 110; Nachhaltig 074, 079, 096

Lokale Ressourcen

Die niederländische Designgruppe Droog, die vor Ort vor-
kommende Rohstoffquellen nutzt, hat ihre sehr eigene
Interpretation von Werkstoffen und Verfahren für ein spezielles Kulturprojekt in die Tat umgesetzt.

Droog erhielt den Auftrag, eine Serie von Produkten zu
gestalten, die auf den Themen Restauration, Sanierung
und Innovation basieren und die Kultur der Gegend von
Oranienbaum in Ostdeutschland mit einbeziehen und
wiederbeleben. Die dort häufige Pappel war das geeig-
netste Material für diesen Orangenschäler aus Holz.

Abmessungen	20 x 50 x 120 mm
Werkstoffeigenschaften	Blasses Holz
	Belastbar trotz der geringen Dichte
	Im Vergleich zu anderen Weichhölzern relativ
	schwer spaltbar
	Geradfaserig und trotzdem weich
	Leicht zu bearbeiten; Wenig zum Dampfbiegen geeignet
Vorkommen	Europa; USA; Kanada
Weitere Informationen	www.droogdesign.nl
Anwendungsbereiche	Streichhölzer; Innenausbau; Spielzeug; Bremsklötze für
	Eisenbahnwaggons; Schachteln; Kisten

Orangenschäler für die Tasche
Design: Marti Gruixé
Auftraggeber: Kulturstiftung
Dessau-Wörlitz
1999

ORANIENBAUM
PORTABLE ORANGENSCHÄLER

siehe auch: Droog 074; Pappel 050, 087, 128

Textilien aus Holz

Die Weide bringt geschmeidige Sprößlinge und Zweige hervor, die ohne Unterbrechungen in die Länge wachsen und sich daher ideal zum Flechten eignen. Da die zahlreichen Faservarianten leicht zu handhaben, lang und weich sind und kaum splittern können, werden sie bei vielen Anwendungen genutzt. Geflochtene Weidenkörbe werden bei diesem bis in die Antike zurückreichenden Verfahren auf zwei Arten hergestellt. Als Ausgangsbasis dient bei der ersten Methode ein Rahmen, um den herum der Korb geflochten wird. Bei der zweiten entsteht der Korb aus Staken und Fäden, die von einem Boden aus geflochten werden.

Lee Dalby sorgt selbst für den Anbau und die Ernte der Pflanzen, die er in seinen vielen Projekten — von Körben bis hin zur Architektur — verwendet. Ein solches Verfahren, bei dem der Designer nicht nur mit den Verarbeitungsmaterialien werkt und diese in Objekte umwandelt, ist besonders „ehrlich". Sich direkt an der Anpflanzung und Ernte zu beteiligen, ist seiner Meinung nach genauso wichtig für die Endprodukte.

Lee führt dazu aus: „Es ist für mich wichtig, dem Lauf der Jahreszeiten zu folgen. Im Winter ist das Splintholz im Boden statt in den Fasern. Dadurch ist das Holz zu weich. Ich bündle die Zweige, damit sie vor der Verarbeitung trocknen. Vor dem Flechten werden sie dann durchgetränkt, damit sie geschmeidig und weich werden."

Rahmenkorb aus Spaltweide
1997

Abmessungen	135 x 89 x 25 cm
Werkstoffeigenschaften	**Faserverlauf gerade, fein und gleichmäßig**
	Leicht; Robust; Elastisch
	Leicht zu bearbeiten
	Wenig zum Dampfbiegen geeignet
Vorkommen	**Europa; Westasien; Nordafrika; USA**
Weitere Informationen	**marshchav@hotmail.com**
Anwendungsbereiche	**Blätter von Kricketschlägern; Flechtwerk; Körbe;**
	Holzschuhe; Kisten; Spielzeug; Bodenbeläge;
	Messerfurniere mit Moiré-Muster

siehe auch: Holzernte 032

70 g pro dm^3

Man vergißt leicht, daß weltweit alle Holzarten und ihre physikalischen Eigenschaften von den unterschiedlichen klimatischen Bedingungen bestimmt werden. Hölzer wie Bambus oder Balsa gedeihen in einem warmen, regenreichen Klima mit gutem Abfluß des Wassers. Die Bäume wachsen daher sehr rasch und produzieren ein Holz, das so leicht ist, daß man es mit dem Finger eindrücken kann.

Balsabäume vermehren sich durch winzige Samenhülsen, die vom Wind über den Dschungel verbreitet werden. Manche Farmer betrachten diese Pflanzen wie früher üblich immer noch als Unkraut. Der Balsabaum erreicht sechs Monate nach dem Keimen eine Höhe von 3–3 1/2 m und im Erntealter von sechs Jahren bereits 20 m. Noch ältere Bäume werden nicht mehr geerntet, da das äußere Holz härter wird und der Baum im Innern zu verfaulen beginnt.

Heutzutage stammt das meiste kommerziell nutzbare Balsaholz aus Ecuador, wo es als „boya" (Boje) bezeichnet wird. Der Begriff „Balsa" bedeutet im Spanischen „Floß" und weist auf seine ausgezeichnete Schwimmfähigkeit hin.

Surfbrett aus Balsaholz

Werkstoffeigenschaften	Bestes Festigkeits-Masse-Verhältnis aller Hölzer
	Dämmt Stöße und Schwingungen
	Leicht verleim- und schneidbar
	Sehr schwimmfähig
	Wenig zum Dampfbiegen geeignet
	Extrem leicht zu bearbeiten
Vorkommen	Mittel- und Südamerika
Weitere Informationen	www.surfspot-bude.co.uk; www.surfspot.co.uk
Anwendungsbereiche	Flugzeugmodelle; Rennboote; Wärme-, Schall- und
	Schwingungsdämmung; Schwimmfähiger Teil in
	Rettungsringen und Wassersportprodukten;
	Theaterrequisiten

siehe auch: Modellieren mit Holz 034, 058; Holzernte 031

Modellklassiker

Dieses Holz ist wegen seines geraden, feinen und gleich-
mäßigen Faserverlaufs jedem Designstudenten ein
Begriff und zählt zu den verbreitetsten Werkstoffen beim
Modellbau. Giovanni Sacchi hat zwar nicht den gleichen
Bekanntheitsgrad, doch er wird allgemein als einer der
Meister des Holzmodellbaus angesehen.

Er hat in den letzten 50 Jahren mit einigen der pro-
minentesten Namen der italienischen Designbranche
zusammengearbeitet und dabei für seine Miniatur-
modelle meist Jelutong und Zirbelkiefer benutzt.
Giovanni hat in seiner kleinen Werkstatt in Mailand über
25.000 Holzmodelle von Hand gefertigt, z.B. Besteck,
Computer, Ventilatoren, Nähmaschinen, Möbel, Architek-
turmodelle und Lampen.

Wer mit Jelutongholz vertraut ist, kennt das einzige
Problem bei der Bearbeitung: die klebrigen Latexspalten
in der Bohlenmitte sind bei der Gestaltung von glatten
Modellen hinderlich. Der Milchsaft findet jedoch seine
ganz eigene Verwendung auf dem großen Markt für Kau-
gummis.

Werkstoffeigenschaften	Faserverlauf schlicht, gerade, fein und gleichmäßig
	Mittelschweres Holz; Geringe Steifigkeit
	Sehr leicht zu bearbeiten
	Gut lackierbar
Vorkommen	Malaysia; Indonesien
Weitere Informationen	www.mosstimber.co.uk
Anwendungsbereiche	Formenbau; Modellbau; Zeichenbretter;
	Schnitzholz; Holzschuhe; Innenausbau;
	Latex für Kaugummi

Modellprototypen aus
Jelutongholz
Herstellung: Giovanni Sacchi

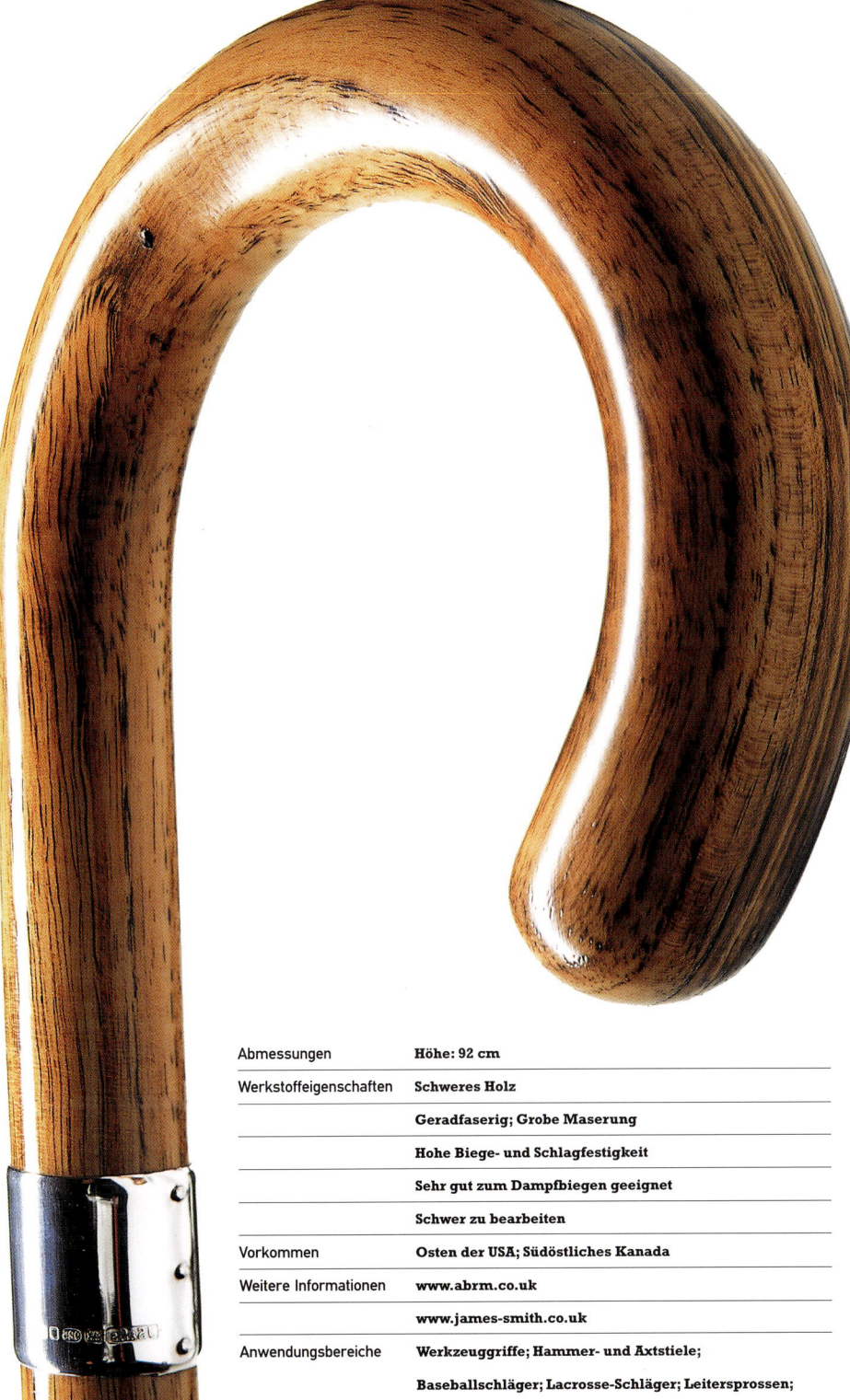

Luxus

Hickory ist ein exotisches, äußerst dichtes Holz, das selbst bei dünnem Querschnitt stabil bleibt. Gehstöcke daraus sind in allen Varianten von schlicht bis reichverziert erhältlich und waren traditionell Statussymbol für dekadente Herren der Viktorianischen Zeit.

Die aufwendigen, betont auffälligen Luxusobjekte galten damals – lange bevor das Markenbewußtsein im späten 20. Jahrhundert einsetzte – als ein Muß. Gehstöcke wirken wegen der schönen Oberfläche, Farbe und Maserung sowie der perfekten Harmonie zwischen Gewicht, Proportionen und Glanz so attraktiv. Diese einfachen, seidenglatten und fachmännisch bearbeiteten Gegenstände verlangen geradezu danach, berührt zu werden.

Gehstock aus Hickoryholz

Abmessungen	**Höhe: 92 cm**
Werkstoffeigenschaften	**Schweres Holz**
	Geradfaserig; Grobe Maserung
	Hohe Biege- und Schlagfestigkeit
	Sehr gut zum Dampfbiegen geeignet
	Schwer zu bearbeiten
Vorkommen	**Osten der USA; Südöstliches Kanada**
Weitere Informationen	**www.abrm.co.uk**
	www.james-smith.co.uk
Anwendungsbereiche	**Werkzeuggriffe; Hammer- und Axtstiele; Baseballschläger; Lacrosse-Schläger; Leitersprossen; Schlagzeugstöcke**

siehe auch: Schweres Holz 037, 067, 120

036

Twergi-Tradition

Mit seinen Holzprodukten greift Alessi auf die traditionelle Holzproduktion im italienischen Stronatal zurück. Alessi erweiterte seine Produktpalette um die Kultur und Sagen der „Twergi" – liebenswerte, koboldartige Geschöpfe, die den Bergbewohnern halfen und mit Holz und Metall arbeiteten.

Die Twergi-Kollektion wird aus Ahorn, Birn- und Apfelbaum hergestellt. Birnbaumholz hat eine schöne glatte, gleichmäßige und blaß-fleischfarbene Oberfläche und läßt sich sehr gut drechseln. Es eignet sich ideal für kleine, handliche Gegenstände.

Werkstoffeigenschaften	Normalerweise nur in kleinen Größen erhältlich
	Sehr gut zu drechseln
	Blasses Holz; Nimmt Beizen gut an
	Geradfaserig; Feine, gleichmäßige Maserung
	Nicht zum Dampfbiegen geeignet
Vorkommen	Europa und Westasien
Weitere Informationen	www.alessi.com
Anwendungsbereiche	Zeichenwerkzeuge und Musikinstrumente; Regenschirme; Im Radialschnitt gesägte Furniere für dekorative Deckoberflächen

Käsereibe aus der
Twergi-Kollektion
Auftraggeber: Alessi

siehe auch: Alessi 076–077; Obstbaumholz 080, 085; Ahorn 073; 020–021, 044, 070, 085, 112

Natürliche Schmierung

Der Pockholzbaum liefert ein vorzügliches Holz, das mit seinen Eigenschaften anderen Materialien näher ist als der eigenen Werkstoffamilie. Das robuste, selbstschmierende und sehr schwere Holz ist einzigartig, weil es als einziges im Wasser sinkt.

Pockholz kam früher u.a. in mechanischen Anwendungen zum Einsatz. Es eignet sich wegen seiner Selbstschmierung z.B. für Lager von Schiffsschraubenwellen. Diese Eigenschaft wurde auch in Uhren des 18. Jahrhunderts ausgenutzt, in denen Pockholz Metallteile ersetzte, die mit tierischem Fett geschmiert werden mußten. Die Uhren liefen mit unglaublicher Genauigkeit.

Das Holz ist nach dem Schneiden weich und einigermaßen leicht zu bearbeiten, wird aber bei Luftkontakt zunehmend hart. Pockholz wird auch in unserer heutigen Zeit verwendet, z.B. für Krocketschläger und bis vor kurzem noch für Hammerköpfe.

Werkstoffeigenschaften	**Selbstschmierend; Gut zu drechseln**
	Sehr dauerhaft
	Sehr schwer zu bearbeiten
	Wenig zum Dampfbiegen geeignet
	Hohe Chemikalienbeständigkeit
Vorkommen	**Mittelamerika; Karibik**
Weitere Informationen	**www.croquet.org.uk**
Anwendungsbereiche	**Krocketschlägerköpfe; Holzschalen; Radführungen;**
	Mörser und Stößel; Frühe Uhrwerke;
	Hammerköpfe; Riemenscheiben für Schiffe

siehe auch: Pockholz 067; Schweres Holz 035, 067, 120

Holz für Wachs

„Es geht um wacklige Kerzen und darum, wie man
verschiedene Größen in einem Halter unterbringt,
der einen festen Durchmesser hat", so Anna Frohm.
Dieser neuartige Kerzenhalter paßt gut zu der nüchter-
nen skandinavischen Ästhetik und der Entscheidung
für Lindenholz, das den kulturellen Hintergrund der
Designerin widerspiegelt. Die Kerzen werden hier mit
Druckknöpfen im Holz fixiert, „mit einem spürbaren
Klicken wie bei einem Lichtschalter."

Das Holz des Kerzenhalters ist nicht besonders ungewöhnlich oder erfinderisch verarbeitet worden; das
Objekt demonstriert jedoch die natürliche Schönheit,
die jede Holzoberfläche auszeichnet. Das schlichte
Design nutzt die feine, blasse Maserung des Linden-
holzes in Verbindung mit der einfachen Form des
Objekts aus.

Abmessungen	135 x 85 x 35 mm
Werkstoffeigenschaften	Hervorragende Spaltfestigkeit
	Leicht zu bearbeiten
	Geringe Steifigkeit
	Gut lackierbar
	Faserverlauf gerade, gleichmäßig und fein
Vorkommen	Europa
Weitere Informationen	Annafrohm@yahoo.com; www.mosstimber.co.uk
Anwendungsbereiche	Schnitzholz; Schneidbretter für Lederarbeiten und
	Formenbau; Drechslerwaren; Hutformen;
	Arm- und Beinprothesen

Kerzenhalter Klick
Design: Anna Frohm
2002

siehe auch: Skandinavien 042, 076, 109; Linde 039, 050

Weiches Hartholz

Linde ist auch als „Schnitzholz" bekannt und bietet Kunsthandwerkern schon seit Jahrtausenden die perfekten physikalischen Eigenschaften für Schnitzereien. Es zählt wie auch Balsaholz zu den Hölzern, die – an sich widersprüchlich – als „weiches Hartholz" gelten.

John Makepeace verwendete für seinen verspielt wirkenden Stuhl Vine (Weinlaub) vor allem Lindenholz wegen seiner blassen, cremegelben, feinen Maserung und Spaltfestigkeit. Der Stuhl ist ein wichtiges zeitgenössisches Beispiel für dieses Holz und zeigt dessen wesentliche Merkmale auf: gute Maßhaltigkeit, leicht von Hand zu bearbeiten und blasse, leicht beizbare Farbe. Die strukturellen Elemente Sitzfläche und Rückenlehne bestehen aus mehreren verleimten und geschnitzten Brettern. Das dekorative Blattwerk unterstreicht die Funktion des Stuhls dadurch, daß er auf die Natur und die mit englischen Gärten in Verbindung gebrachte Entspannung Bezug nimmt.

John Makepeace ist Designer und Hersteller von Holzmöbeln und lebt in Dorset, England. Seine Interessen beschränken sich aber nicht nur auf diese Disziplinen; er lehrt auch im Hooke Park College, das übrigens selbst mit innovativen holztechnischen Verfahren konstruiert wurde.

Stuhl Vine
Design und Herstellung:
John Makepeace
1994

Abmessungen	55 x 55 x 90 cm
Werkstoffeigenschaften	Hervorragende Spaltfestigkeit
	Leicht zu bearbeiten
	Geringe Steifigkeit
	Gut lackierbar
	Faserverlauf gerade, gleichmäßig und fein
Vorkommen	Ganz Europa
Weitere Informationen	www.johnmakepeace.com
Anwendungsbereiche	Schnitzholz; Schneidbretter für Lederarbeiten und Formenbau; Drechslerwaren; Hutformen; Arm- und Beinprothesen

siehe auch: Linde 038, 050; John Makepeace 024, 098; Leim 047, 049, 058, 062, 087, 094, 100; Hooke Park College 024, 098

041 Weichhölzer

Hoher Raum

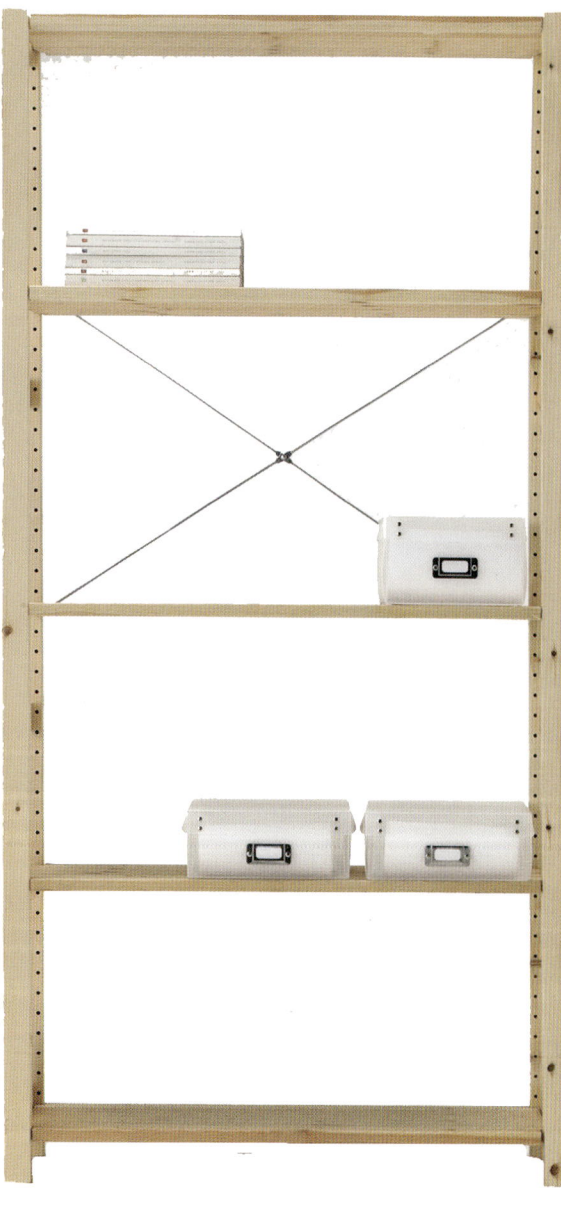

IKEA, einer der weltweit größten Möbeleinzelhändler, besitzt über 140 Geschäfte in 22 Ländern und beschäftigt über 65.000 Mitarbeiter. Das Unternehmen ist sich angesichts dieser statistischen Daten voll und ganz der Umweltauswirkungen seiner Produkte bewußt, von denen 70 % aus Holz hergestellt werden.

IKEA bekennt sich dazu, „daß Holz in seinen Massivholzprodukten nicht aus intakten Urwäldern oder anderen Wäldern mit hohem Naturschutzwert stammen darf, es sei denn, das Holz wurde entsprechend den Prinzipien und Kriterien des FSC (Forest Stewardship Council) oder einem gleichwertigen System zertifiziert."

Die Waldkiefer (Rotholz) ist auf der nördlichen Erdhalbkugel weit verbreitet, so daß sich ihre Festigkeit und Maserung sowie die Art und Größe der Astknoten bei dem hellgelben bis rötlichbraunen Holz unterscheiden können. Weichhölzer sind normalerweise schnellwüchsiger und preiswerter als Harthölzer und wachsen meist in Forsten.

Abmessungen	Ivar: 89 x 30 x 179 cm; Sten: 89 x 31 x 174 cm
Werkstoffeigenschaften	Leicht manuell oder maschinell zu bearbeiten
	Für Auftrag von Beize, Lack und Firnis gut geeignet
	Geringe Steifigkeit
	Wegen des Harzes u.U. schwierig zu verleimen
	Bietet guten Nagel- und Schraubenhalt
Vorkommen	Nordeuropa; Westspanien; Pyrenäen; Nordasien
Weitere Informationen	www.ikea.com; www.ikea.de
Anwendungsbereiche	Möbel-, Tischler- und Drechselholz; Telegrafenmasten;
	Eisenbahnschwellen und Pfähle; Sperrholz; Furniere

siehe auch: Skandinavien 038, 076, 109; Waldkiefer 138

↑

Regal Ivar, Grundelement (links)
Ikea Schweden

Sten-Regal, Grundelement (rechts)
Ikea Schweden

Extrem stabil

Die Xylo-Anrichte wurde für die britische Wood-for-Good-Kampagne konzipiert, die die Nutzung von Holz fördern möchte. Dieses als „Requisit für die Bewirtung" bezeichnete Modell belebt konservativ eingerichtete Wohnungen und bietet Platz für Fernsehgerät, Videorekorder und Tafelgeschirr. Einzelne Fächer der Anrichte können durch die vorderen, ineinandergreifenden Leisten vor neugierigen Blicken verborgen werden.

Die Weymouthskiefer wurde hauptsächlich wegen der Qualität ihres Holzes ausgewählt. Bei der Anrichte kommen die selbsttragenden Eigenschaften des stabilen Holzes voll zur Geltung: es schwindet kaum, biegt sich nicht durch und ist die richtige Wahl für dieses Möbelstück, bei dem die langen Teile von lediglich zwei Stützen an beiden Enden gehalten werden.

Kiefern, Fichten und Lärchen werden auch als Nadelbäume bezeichnet, wobei dieser Sammelbegriff bereits seit dem 14. Jahrhundert für zapfentragende Weichhölzer üblich ist. Die Weymouthskiefer zählt zu den wertvollsten Weichhölzern Nordamerikas und dient wie auch Ahorn zur Herstellung von Nebenprodukten wie Harz, Teer und Terpentin.

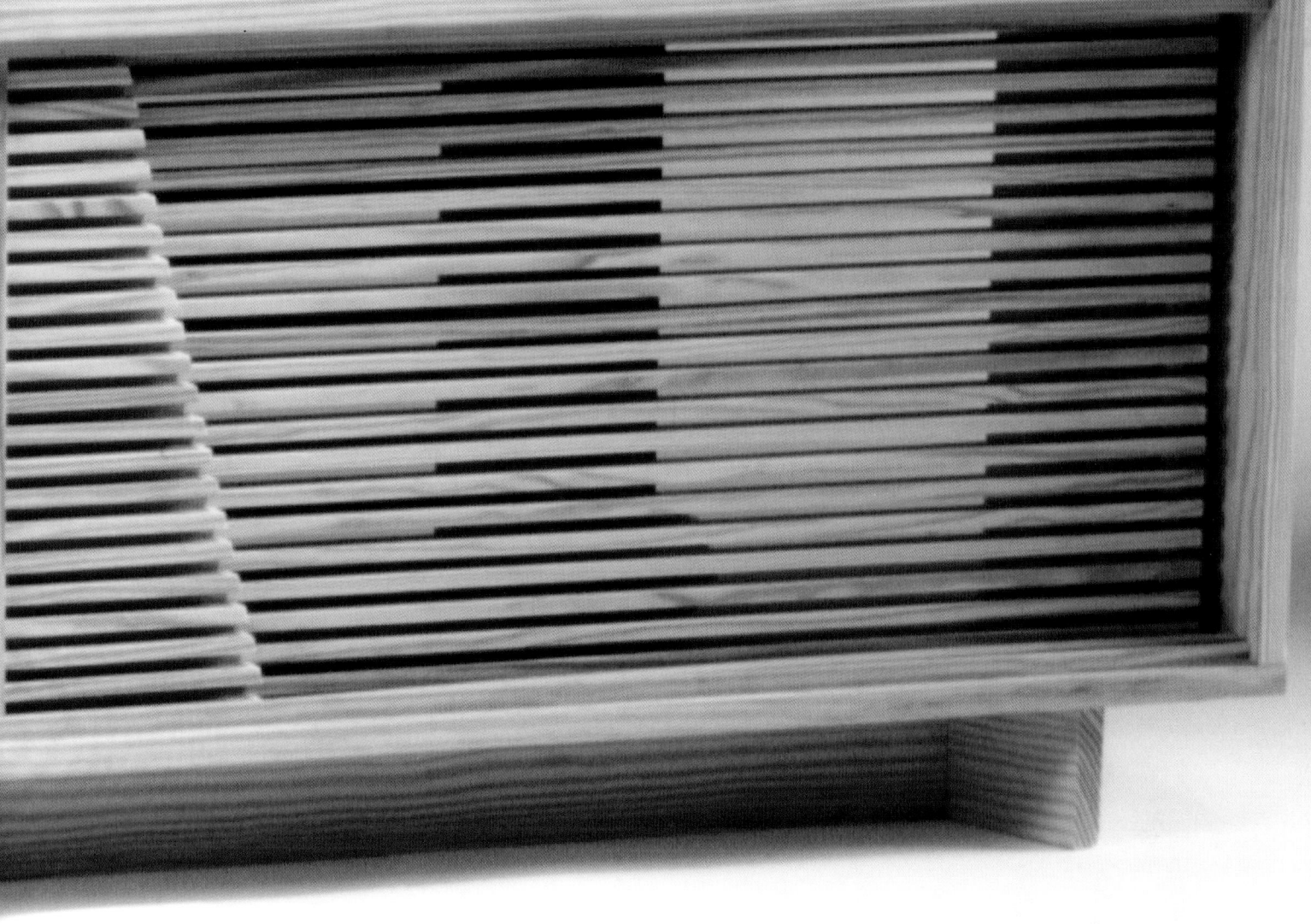

Abmessungen	150 x 43,6 x 50 cm
Werkstoffeigenschaften	Ausgezeichnete Stabilität
	Weiche, gerade und gleichmäßige Maserung
	Leicht zu bearbeiten
	Gut lackierbar
	Kaum Schwindung
Vorkommen	Ostkanada; USA
Weitere Informationen	www.woodforgood.com; www.nordictimber.org
	www.mosstimber.co.uk; b.panayi@virgin.net
Anwendungsbereiche	Modellbau; Türen; Zeichenbretter; Leichte und
	mittelschwere Holzkonstruktionen; Teile von
	Musikinstrumenten; Tischlerholz; Bootsbau; Möbelbau

Anrichte Xylo
Design: Ben Panayi
Auftraggeber: Wood for Good
2002

siehe auch: Kiefer 042, 094; Fichte 049; Ahorn 018, 020–021, 036, 070, 085, 112

Hölzer werden in Brettchen zerschnitten und mit Wachs und Beize behandelt.

In die Brettchen werden Rillen für die Minen eingearbeitet.

Die Minen bestehen aus einem Graphit-Ton-Gemisch und werden in die Rillen eingebettet.

Ein zweites gerilltes Brettchen wird auf das erste geleimt.

Aus dem verleimten Brettchen werden die einzelnen Stifte herausgehobelt, die anschließend geschliffen und lackiert werden können.

Massenproduktion

Manche der interessantesten Holzgegenstände zählen
gleichzeitig zu den vertrautesten und einfachsten. Die
Serienfertigung von Bleistiften begann im 17. Jahrhundert
in Deutschland. Bei der heutigen Massenproduktion
von Bleistiften wird das Material in rechteckige Hölzer
und dünne Brettchen zerschnitten, die anschließend
gewachst und gebeizt werden. Die Brettchen sind halb
so dick wie die fertigen Stifte und werden mit Rillen
versehen, die die Graphitminen aufnehmen. Zwei Brettchen werden dann zum Sandwich verleimt und mit
Hobelmaschinen in Stifte zerteilt, die danach lackiert
werden können.

Das geradfaserige Zedernholz hat nicht nur die richtige
Härte fürs Anspitzen, sondern kann auch gekaut werden!

Abmessungen	**78 x 44 x 43 cm**
Werkstoffeigenschaften	**Wenig zum Dampfbiegen geeignet**
	Leicht zu bearbeiten
	Riecht aromatisch
	Geringe Steifigkeit
	Gerade, feine und gleichmäßige Maserung
Vorkommen	**USA; Kanada; Uganda; Kenia; Tansania**
Weitere Informationen	**www.pencils.com; www.pencilpages.com**
	www.mosstimber.co.uk
Anwendungsbereiche	**Zigarrenschachteln; Kommoden und Kleiderschränke;**
	Särge; Furniere; Hobelspäne; Ätherische Öle (Blätter)

siehe auch: **Serienfertigung 021, 025, 086, 116, 123, 128, 131; Leim 039, 049, 058, 062, 087, 094, 100; Zeder 050**

Extremer Arbeitsaufwand

Gamben werden von Jane Julier nach Maß gebaut. Jedes Instrument wird auftragsgemäß angefertigt und an die speziellen Anforderungen des Musikers angepaßt. Das handwerkliche Können, das durch die 200 bis 300 Stunden Arbeit pro Gambe zum Ausdruck kommt, ist unglaublich. Das Holz wird mit einer maximalen Dicke von 1,6 mm und mit kleinsten Toleranzwerten bis 0,1 mm hergestellt, um ein perfekt ausgewogenes Verhältnis zwischen Akustik, Form und Gewicht zu erzielen. Diese Leistung ist deswegen um so erstaunlicher, weil Fichtenholz abhängig von der Luftfeuchtigkeit arbeitet (Quellung und Schwindung). Jane Julier löst dieses Problem mit einem Entfeuchtungsapparat, der ständig auf Hochtouren läuft. Die vom Goldenen Schnitt abgeleitete Form mit ihren Kurven und Bögen hat etwas Architektonisches.

Das angestrebte Zusammenspiel zwischen Festigkeit, Resonanz und Gewicht erhalten die Gamben dadurch, daß ihre Decke aus Fichte und Boden, Zargen und Hals aus geriegeltem Bergahorn bestehen. Alle Teile werden mit Hasenleim zusammengeklebt, damit sich das Instrument bei Bedarf auseinandernehmen und reparieren läßt. Diese Gamben gehören zweifelsohne zu den beeindruckendsten Beispielen für perfekte Handwerkskunst und Präzisionsarbeit bei Objekten aus Holz.

Werkstoffeigenschaften	Leicht zu bearbeiten
	Blaß und geradfaserig
	Geringe Steifigkeit
	Durchschnittliche Biege- und Quetschfestigkeit
Vorkommen	Großbritannien; Westrußland
Weitere Informationen	rossclocks@clara.co.uk
	www.luthierssupplies.co.uk
	www.vdgs.demon.co.uk
Anwendungsbereiche	Musikinstrumente; Inneneinrichtung;
	Tischlerholz; Oft als Bauholz und für
	Zimmermannsarbeiten; Weihnachtsbäume

Gambe
Herstellung: Jane Julier 1995

siehe auch: Fichte 044; Bergahorn 018; Leim 039, 047, 058, 062, 087, 094, 100

Abmessungen	**Verschieden, je nach Schuhgröße**
Werkstoffeigenschaften	**Leicht zu bearbeiten**
	Geradfaserig; Grob strukturiert
	Große Unterschiede bei der Färbung
	Wenig zum Dampfbiegen geeignet
	Sehr charakteristischer Duft
	Wird bei Wettereinfluß bleich-silbergrau
Vorkommen	**Kanada; USA; Großbritannien; Neuseeland**
Weitere Informationen	**www.dunkelman.com; www.mosstimber.co.uk**
Anwendungsbereiche	**Bleistifte; Bienenstöcke; Kleiderschränke; Untere Güteklassen als Bauholz**

Aromatisch

Es riecht gut! Die Rotzeder (auch Riesenlebensbaum genannt) verströmt ein Aroma, das Erinnerungen wachruft. Die Oberflächen von Holz zählen zu den natürlichsten, schönsten und griffigsten, doch bei vielen Holzarten ist es der ihnen eigene Duft, der uns im Gedächtnis bleibt. Diese ausgeprägte Beziehung zwischen Geruch und Gedächtnis führt dazu, daß wir Holz insgesamt in die höheren Werkstoffklassen einstufen.

Wozu würde sich also ein Holz mit angenehmem, charakteristischem und hocharomatischem Duft besser eignen als für einen Schuhspanner? Dunkelman & Son verwendet verschiedene Hölzer für seine Schuhspanner. Die preiswerteren Modelle sind aus Pappel (wegen der sehr niedrigen Dichte) und Linde (wegen des sauberen Aussehens, geringen Gewichts und der Stabilität). Am oberen Ende der Preisskala sind Schuhspanner aus der aromatischen, desodorierenden amerikanischen Rotzeder angesiedelt.

Abgesehen von der Verwendung dieses duftenden Holzes ist auch die Herstellung der Schuhspanner interessant. Die benötigte Urform wird dabei mit einzelnen Kartenlagen von der Zehe aus langsam aufgebaut und durch Schneiden und Aufschichten gestaltet, bis ein Modell aus etwa 15 bis 20 Teilen entsteht, das genau für einen Schuh paßt. Dieses dreidimensionale Modell wird dann an einer asymmetrischen Nachformdrehmaschine zur Herstellung der Schuhspanner benutzt. Hier wird lediglich ein Modell benötigt, da die Maschine auf jede Schuhgröße abgestimmt werden kann. Dieses angenehme, Feuchtigkeit und Gerüche absorbierende Schuhzubehör wird von Hand poliert und geschliffen.

053 Flaches

054

Dreidimensionale Skizzen

Abmessungen	79 x 76 x 81 cm
Werkstoffeigenschaften	Gute Maßhaltigkeit
	Mit verschiedenen Stärken und Lacken lieferbar
	Leicht zu bearbeiten
Vorkommen	Herstellung in verschiedenen Teilen der Welt
	je nach Herkunft des Holzes
Weitere Informationen	www.knoll.com
	Wood Panel Industries Federation, Grantham, GB
	Tel.: +44 (0) 1476 563707
Anwendungsbereiche	Innen-, Außen- und Schiffbauanwendungen;
	Bauliche und dekorative Anwendungen

Power Play
Design: Frank Gehry
Herstellung: Knoll
1989–1992

Viele Designer haben für die Fertigung von Möbeln mit gebogenem Sperrholz experimentiert, in puncto Schervolumen und Verspieltheit ist es jedoch Frank Gehry, der einige der besten Beispiele liefert und die Eigenschaften dieses vielseitigen, elastischen Werkstoffs aufzeigt.

Dieses Projekt wurde von der US-Firma Knoll in die Wege geleitet, die Gehry dazu einlud, Möbel für das Unternehmen zu gestalten. Er mietete eine Werkstatt in der Nähe seines Büros und arbeitete die Mittagspausen durch an zahlreichen dreidimensional skizzierten Modellen, bei denen die Möglichkeiten des biegsamen Sperrholzes genutzt wurden. Aus den Modellen entstanden 120 noch einen Schritt weiter entwickelte Prototypen; die endgültige Serie umfaßte dann sechs Stühle und einen Tisch.

Alle Leisten werden einzeln geformt und später zu den gebogenen und verdrehten Möbeln zusammengesetzt. Die Kosten für jedes Stück sind entsprechend hoch, da das Verfahren sehr arbeitsintensiv ist.

Ein Hauptvorteil von Holz gegenüber anderen Materialien wie Glas, Kunststoff oder Metall besteht darin, daß es direkt zur Verfügung steht und mit relativ einfachen Werkzeugen bearbeitet und geformt werden kann. Dies kommt in vielen Möbeln Gehrys zum Ausdruck, gerade auch bei den verspielt wirkenden Experimenten, aus denen die Reihe Power Play entstand.

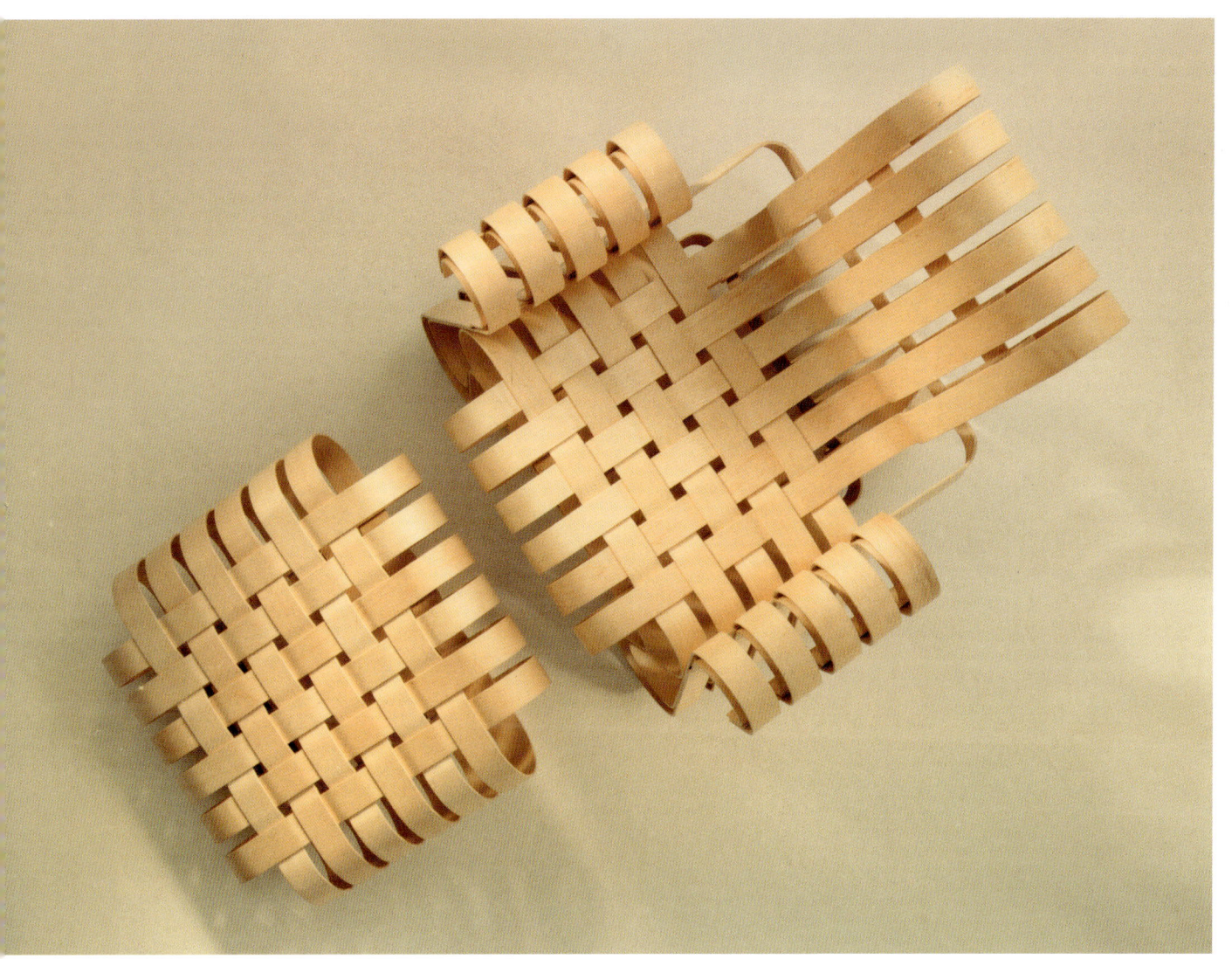

siehe auch: Sperrholz 056, 060, 062–064, 070, 100, 118, 123, 131; Elastisch 022, 058–059, 108, 115, 118, 123

056

4,6 kg Tisch

Das Laminieren von Holz ist als Technik seit Jahrhunderten bekannt, während Sperrholz erst Mitte des 19. Jahrhunderts erstmals kommerziell verwendet wurde und damit vergleichsweise neu ist. Sperrholz ist heutzutage weitverbreitet und dient meist nicht zu dekorativen Zwecken, sondern wird wegen seiner baulichen Eigenschaften genutzt. Die Tische der wohldurchdachten Multi-Ply-Reihe (Birkenmultiplex) der britischen Firma Foundation 33 erzählen in bezug auf die Möbelherstellung ihre eigene Geschichte. Die besondere Beschaffenheit des Materials ist bei diesen Möbeln auffälliger als etwa die Farbe oder Form.

Der Couchtisch 10.2 wurde aus einer 2,40 x 1,20 m großen, 24 mm dicken Platte aus Birkensperrholz gefertigt, die in 72 Teile zerschnitten wurde (4 Beine, 48 kurze und 20 lange Leisten). Dabei wurde jedes Teil des Holzes verarbeitet, sogar der Staub an der Originalplatte. Die Leisten wurden aus dem Material hergestellt, das von der Fläche zwischen den vier U-förmigen Beine übrigblieb. Die Leisten wurden in Hälften zerschnitten und auf die Außenkante des Tisches ausgerichtet, wobei eine Öffnung in der Mitte entstand, die das gleiche Volumen hat wie die vier Beine. Der fertige Tisch ist 4,6 kg leichter als die ursprüngliche Werkstoffplatte.

Abmessungen	115,5 x 115,5 x 36 cm
Herstellung	Schnitt mit CNC-Laser
Werkstoffeigenschaften	Gute Maßhaltigkeit
	Verschiedene Stärken lieferbar
	Gut bearbeit- und lackierbar
	Nimmt Holzbeizen gut an
Vorkommen	Herstellung in verschiedenen Teilen der Welt
	je nach Herkunft des Holzes
Weitere Informationen	www.foundation33.com
	Wood Panel Industries Federation, Grantham, GB
	Tel.: +44 (0) 1476 563707
Anwendungsbereiche	Möbel; Wandvertäfelungen; Innenzubehör

Couchtisch 10.2, aus Multi-Ply
Design: Daniel Eatock und
Sam Solhaug
Auftraggeber: Foundation 33
2000

058

Biegsam

Es ist interessant, wie begehrt ein Werkstoff werden kann, wenn man ihm die richtigen Adjektive voranstellt. Biegsames Holz ist als Material eigentlich so unwahrscheinlich wie durchsichtiges Aluminium oder anpflanzbarer Kunststoff und wurde als große Innovation angekündigt. Bendyply™ ist wie sein Vetter, das biegsame MDF-Holz (mitteldichte Faserplatten), ein vielseitiger Plattenwerkstoff, der sich ohne Dämpfen krümmen läßt.

Der Kapokbaum – auch als Baumwollbaum bekannt – ist extrem raschwüchsig und wird geerntet (die Bäume werden dabei nicht gefällt). Sein Holz wird getrocknet, mit Rundschälmaschinen zu Furnieren verarbeitet, die zu einer Sandwichplatte oder zwei Werkstoffen verleimt werden. Bendyply™ ist nur eins der immer zahlreicheren biegsamen Platten- oder Vollholzprodukte. Nur die eigene Vorstellungskraft setzt hier Grenzen – man sollte der Phantasie freien Lauf lassen!

Stück aus Bendyply

Abmessungen	2,5 m x 1,25 m, Fasern verlaufen in beide Richtungen
	Dicke: 5 mm, 8 mm
Werkstoffeigenschaften	Kostengünstig
	Leicht
	Biegsam; Leicht formbar
	Kann zu jeder Dicke laminiert werden
Vorkommen	Westafrika
Weitere Informationen	www.tambourcompany.com
	www.solidwoodflooring.com
	Tel.: +44 (0) 1977 600026
Anwendungsbereiche	Ausstellungen; Verkleidungen in der Architektur; Theken; Trommeln; Ladeneinrichtungen; Möbel; Schalungen; Bars

Vorgeschlitzt, biegsam

Mit diesen leicht wirkenden, vorgeschlitzten und biegsamen Platten lassen sich relativ glatte, gebogene Flächen produzieren, die sogar gerollt werden können. Die Methode der Schlitzung – in das Holz werden Nuten geschnitten – ist ein altes Verfahren, mit dem starre Werkstoffe biegbar gemacht werden. Die erst in neuerer Zeit entwickelten vorgeschlitzten MDF-Platten erleichtern die Fertigung von gekrümmten Formen.

Der Werkstoff ähnelt Flexiply™, nur daß hier nicht beide Seiten glatt sind. Die Flexibilität resultiert stattdessen aus den in gleichen Abständen in eine Seite eingebrachten Schlitzen. Da der größte Teil des Materials herausgeschnitten wird, bleibt lediglich eine dünne Schicht übrig, die für die Biegsamkeit der Platte sorgt. Diese beiden flexiblen Werkstoffe eignen sich ideal für Anwendungen, bei denen das Holzstück bedeckt werden kann oder die Kanten zumindest kein wichtiges Kriterium des Designs sind.

Abmessungen	Dicke: 6 mm, 9 mm
	244 x 122 cm Schlitzung längs
	122 x 244 cm Schlitzung quer
Werkstoffeigenschaften	Ökonomische Methode für Krümmungen
	Oberflächen leicht formbar
	Bei Krümmung glatte Oberfläche
	Schlitze für Teile der Platte vorbestellbar, damit
	andere Flächen schlitzfrei bleiben
Weitere Informationen	www.neatform.com
Anwendungsbereiche	Möbel; Trennwände; Vertäfelungen; Ladeneinrichtungen

Vorgeschlitzte, biegbare
MDF-Platte

siehe auch: Schlitzung 109, 110; Elastisch 022, 054, 058, 108, 115, 118, 123

060

An der Kante

Es gibt eine Vielzahl von Sperrholzmaterialien mit unterschiedlichen Eigenschaften. Die meisten sind von ihrem Aufbau her so ausgelegt, daß sie eine auffällige Furnier-Sandwichkante besitzen, die manchmal dekorative Zwecke hat und in anderen Fällen dagegen verdeckt bleibt. Bei den abgebildeten Sperrholzprodukten sieht die solidere Kante trotz gleicher Sandwichbauweise gut aus.

Multi-Ply™-Produkte heben sich durch die Qualität der Mittellage und der Vorderseite von anderen Sperrhölzern ab. Die Firma Multi-Ply™ und ihre Schwestergesellschaft Tin Tab™ konstruieren, fertigen und vertreiben mehrere innovative Erzeugnisse aus Sperrholz. Im Gegensatz zum bekannteren Birkensperrholz, das wegen der Astknoten zahlreiche Furnierflicken aufweist, haben die hier benutzten Buchenplatten durchgehende Furnierblätter, die wie eine riesige Rolle Toilettenpapier aus einem langen Blatt aussehen. Das Furnier kann nach dem Dämpfen und Schälen der Baumstämme mit einer Mittellage aus Vollholz verleimt werden und besitzt eine weitaus reinere Oberfläche. Die Plattenvorderseite läßt sich wegen des 2,2 mm dicken Furniers leichter pflegen als normales Sperrholz.

Abmessungen	**Dreilagiges Volleichen-Sperrholz:**
	200 x 182 cm Standardformat
	Harbo-Vollbuchen-Sperrholz: 250 x 125 cm
	Dicke: 0,8–5 cm
Werkstoffeigenschaften	**Vorderseite und Kante hochwertig**
	Ökonomisch
	Vorderseite gut zu pflegen
Vorkommen	**Herstellung in vielen Teilen der Welt**
	je nach Herkunft des Holzes
Weitere Informationen	**www.tintab.com**
Anwendungsbereiche	**Schreibtischplatten; Arbeitsplatten; Türdichtungen;**
	Treppenstufen; Möbel

**Dreilagiges Sperrholz aus Volleiche,
-ahorn und -esche sowie Harbo-Voll-
buchen-Sperrholz**

062

Metallersatz

Bei dieser Anwendung ist das Zusammenwirken von Buchenfurnierlagen und Phenolharz von entscheidender Bedeutung. Das Kunstharzpreßholz bietet uns seit 60 Jahren unzählige Konstruktionsmöglichkeiten in Verbindung mit extrem hoher Dauerhaftigkeit und Stabilität.

Im Laufe der Jahre wurden unterschiedlichste Plattentypen entwickelt, die u.a. auch Designer und Architekten häufig nutzten. Holz kann zu zahlreichen neuen Formen mit verschiedenen physikalischen Eigenschaften zusammengesetzt werden. Der Hauptwerkstoff bei diesen Produkten ist außer dem Holz das Polymerharz (Leim), das die Teilchen zusammenhält. Kunstharzpreßholz ist in zwei Hauptvarianten lieferbar: bei der einen ist das Holz vom Harz durchtränkt, bei der anderen befindet sich das Harz als Beschichtung auf der Oberfläche.

Von der Seite sieht dieser Preßschichtwerkstoff wie dicht zusammengedrücktes Sperrholz aus; zerschneidet man ihn dagegen quer, kommt die Maserung der im Harz eingebetteten Buche zum Vorschein. Buchenholz dient im allgemeinen als Basis für den Werkstoff, da es geradfaserig und in vielen Regionen erhältlich ist.

Abmessungen	Halbfertige Produkte bis 290 x 290 cm
	Fertigteile werden nach spezifischen
	Anforderungen hergestellt
Werkstoffeigenschaften	Hart wie Metall, aber nur einen Bruchteil so schwer
	Druck- und verschleißfest
	Maßhaltig
	Schalldämmend; Isolierend
	Beständig gegen Wasser, Öl, verdünnte Säuren und Alkalis
	Stabil über einen großen Temperaturbereich
Weitere Informationen	www.permalidehoplast.co.uk
	www.dehonit.com
Anwendungsbereiche	Minensuchboote; Strahlenschutz; Textilien;
	Propellerblätter; Elektrotechnik; Automobil-
	und Luftfahrtindustrie; Gießereien; Modellbau;
	Klärwerke; Hämmer; Skate-Parks; Böden für
	Londoner Busse

Flugzeug-Propellerblatt, mit Preßholz und Fichte
Auftraggeber: MT Propeller

Ein echtes Märchen

Die Entwicklung dieser flachen Holzplatten liest sich wie ein Märchen. Es war einmal ein Schiffbauingenieur, der das Mädchen seiner Träume traf. Also hielt er beim Vater um ihre Hand an, der der Hochzeit bereitwillig zustimmte, allerdings unter einer Bedingung: der junge Mann mußte eine kränkelnde Firma, die hölzerne Weinfässer herstellte (von solchen aus Edelstahl immer mehr verdrängt), in ein rentables Unternehmen umwandeln.

Das Märchen wurde eine Erfolgsgeschichte. Ravier SA, eine französiche Firma, stellte mit bereits bekannten Produktionsmethoden eine sich nicht verziehende, flache Türfüllung ohne Rahmen her. Die Stabilität wird durch drei kreuzweise verleimte Sperrholzlagen gewährleistet: die Maserung der beiden Außenplatten verläuft in derselben Richtung, die der Mittellage rechtwinklig dazu. Diese Platten werden mit Vinylleim unter Anwendung von Funkfrequenzen zusammengesetzt, wodurch eine unsichtbare Verbindung entsteht.

Ravier produziert verschiedene Sperrholztypen, die mit durchsichtigem, farbigem oder sandgestrahltem Acrylglas verleimt werden. Die Plattentypen, die in unterschiedlichen Dicken ausgewählt und gemischt werden können, eignen sich ideal für sichtbare Kanten.

Abmessungen	Länge und Breite: nach Maß gefertigt
Werkstoffeigenschaften	Kein Verziehen
	Dekorative Kanten
	Viele Kombinationsmöglichkeiten
	Sehr gut zu verarbeiten
Weitere Informationen	www.taskworthy.co.uk
	www.ravier.fr
Anwendungsbereiche	Möbel; Küchenelemente; Haarspangen; Tischbeine;
	Enden von Gardinenstangen; Türen; Schränke

**Stücke aus 3pli®, Cristal de Ravier® und Arcance®
Herstellung: Ravier**

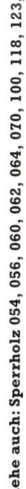

siehe auch: Sperrholz 054, 056, 060, 062, 064, 070, 100, 118, 123, 131

064

Werkstoff als Marke

Diese Einrichtungsgegenstände, die unter der künstlerischen Leitung der Möbeldesigner Michael Marriott und Simon Maidmont produziert werden, sind mehr als nur eine Serie miniaturisierter Erwachsenenmöbel. Die verspielt wirkenden, multifunktionalen Sperrholzmöbel sind einfach konstruiert und können leicht mit anderen Werkstoffen verschönert oder kombiniert werden. Die britische Firma Oreka erkannte eine Nische auf dem Markt für Kindermöbel und führte eine Marke ein, die sich auf zwei Hauptthemen konzentriert: Kinder und Birkensperrholz.

Das Laminieren von Furnieren ist eine Technik, die Handwerker bereits seit der Antike anwenden, während die Herstellung von Sperrholz dagegen eine vergleichsweise neuere Entwicklung darstellt und erstmals Mitte des 19. Jahrhunderts praktiziert wurde. Vollholz hat gegenüber Sperrholz einen wesentlichen Nachteil: es ist bei großen, flachen Platten relativ instabil und neigt dazu, sich im Laufe der Zeit zu verziehen. Sperrholz ist daher ein in vielen Bereichen eingesetzter Werkstoff, der in verschiedenen Standardformaten und -dicken erhältlich ist, leicht angewendet werden kann und bei großen Flachplatten eine hervorragende Stabilität besitzt. Es ist wegen dieser Eigenschaften und angesichts der Tatsache, daß es in zahlreichen Güteklassen lieferbar ist, zum „Arbeitspferd" vieler Branchen geworden.

Werkstoffeigenschaften	Hervorragende Maßhaltigkeit
	In verschiedenen Formaten und Güteklassen erhältlich
	Leicht zu bearbeiten
	Gut lackierbar
	Nimmt Holzbeizen gut an
Vorkommen	Herstellung in verschiedenen Teilen der Welt je nach Herkunft des Holzes
Weitere Informationen	www.orekakids.com
Anwendungsbereiche	Möbel; Wandvertäfelungen; Innenzubehör

siehe auch: Sperrholz 054, 056, 060, 062–063, 070, 100, 118, 123, 131; Furnier 016, 058, 060, 068, 087, 091, 100, 106, 109, 112, 116, 118, 127–128

Hobnob 1 und 2
Bänke mit Stauraum
Sperrholz mit Deckplatte und
Rückenlehne aus Kork
Design: Alex McDonald
1999

Schwer

**Kunstharzpreßholz-Hammer
mit Griff aus Eschenholz zur
Bearbeitung von heißen Blechen
Herstellung: Thor Hammers**

Der Hammer ist eines der wenigen Produkte, bei denen sich
die Entwicklung fast nur auf die Nutzung neuer Werkstoffe
konzentriert. Seine Form hat sich praktisch nie verändert,
seit man erkannt hatte, daß man mit einem harten Objekt,
das an einem Griff festgebundenen war, Gegenstände leichter
zerschlagen konnte als mit einem harten Stein in der Hand.
Heutzutage besteht der einzige Unterschied darin, daß der
Stein durch verschiedene andere Werkstoffe ersetzt wurde
und nicht mehr festgebunden, sondern sicher am Griff befestigt wird.

Es gibt zahlreiche Arten von Hämmern aus besonderen
Materialien, die für spezielle Zwecke konstruiert werden.
Bis vor kurzem noch wurden zum Ausbeulen heißer Bleche
Hämmer aus Pockholz benutzt. Da Pockholz unökonomisch
war, wurde es inzwischen durch das kostengünstigere, weit-
aus schwerere Preßschichtholz ersetzt.

Abmessungen	265 x 85 mm (auch in anderen Formaten erhältlich)
Werkstoffeigenschaften	Druck- und verschleißfest
	Maßhaltig
	Dämmt Geräusche
	Isolierend
	Beständig gegen Wasser, Öl, verdünnte Säuren und Alkalis
Weitere Informationen	www.permalidehoplast.co.uk
	www.dehonit.com
	www.thorhammer.com
Anwendungsbereiche	Anwendungen, bei denen keine Metallteile vorkommen
	dürfen, z.B. bei Minensuchbooten der Royal Navy;
	Atomsprengköpfe

siehe auch: Pockholz 037; Schichtholz 056, 062, 092, 100, 106, 109; Schweres Holz 035, 037, 120

Haut aus Holz

Die Technik des Furnierens ist jahrhundertealt. Es gibt unendlich viele Beispiele für dekorative Deckoberflächen aus meist seltenen Hölzern, die auf Normal- oder Plattenholz aufgebracht wurden. In den frühen Tagen des Flugzeugbaus diente dünnes Sperrholz zur Gewichtsreduzierung, beispielsweise bei der Mosquito, einem britischen Aufklärer und Bomber des 2. Weltkriegs.

Der Stuhl Laleggera – zu der Serie gehören auch Bänke, Hocker und ein Tisch – ist ein innovatives, modernes Beispiel für Furnierblätter, die die Qualität von Konstruktionen verbessern. Hier sind zwei gänzlich verschiedene Werkstoffe zu einem vermeintlich simplen Stuhl kombiniert, der scheinbar nur aus sehr dünnem Holz besteht. Bei näherem Hinsehen erkennt man jedoch, daß dieses Sitzmöbel aus einzelnen Furnierblättern mit einer versiegelten Bohrung an der Unterseite besteht, durch die Polyurethanschaum eingespritzt wird. Bei der Herstellung werden erst die dünnen Blätter auf einen Vollholzrahmen aufgeleimt; anschließend wird der hohle Teil mit dem Schaum befüllt, der der Konstruktion die erforderliche Starrheit verleiht.

In der Welt der Geschäftsmöbel müssen sich Stühle und Tische ohne Schwierigkeiten bewegen und umstellen lassen. So ist aus dieser äußerst originellen Kombination aus Holz und Schaum ein leichter, fester, ergonomischer und stapelbarer Stuhl entstanden, der sich zum Verkaufsschlager der Herstellerfirma Alias entwickelte.

Stuhl Laleggera
Design: Ricardo Blumer
Auftraggeber: Alias
1996

Abmessungen	53 x 36 x 79 cm (Sitzhöhe: 46 cm)
	Gewicht: 2.390 g
Werkstoffeigenschaften	Ökonomische Nutzung von Werkstoffen
	Hervorragendes Festigkeits-Masse-Verhältnis
Weitere Informationen	www.aliasdesign.it
Anwendungsbereiche	Flugzeugbau; Dekorative Intarsien; Intarsienbilder;
	Sperrholz; Stabsperrholz; Möbel; Türen

siehe auch: Furnier 016, 058, 060, 064, 087, 091, 100, 106, 109, 112, 116, 118, 127–128; Möbel 016, 018–019, 021, 024, 026–027, 056, 079, 083, 091, 124, 126

Robuste Federn

„Surfen auf dem Bürgersteig" erschien in den frühen
1960er Jahren als Überschrift auf der Titelseite der
Zeitschrift Life und wurde für einen typisch kaliforni-
schen Spleen gehalten. Dieses einfache Holzbrett auf
vier Rädern erwies sich aber als weit mehr als eine
neue Art, sich fortzubewegen. Die weitverbreitete
„Kultur" des Skatens findet viel Anklang und nimmt
modische bis rebellische Tendenzen auf.

Jeder Bürgersteigsurfer würde gern dieses Skateboard
sein eigen nennen. Die federnde Härte von Ahorn
kommt bei diesem Produkt aus Ahornsperrholz voll
zur Geltung. Es ist wegen seines guten Festigkeits-
Masse-Verhältnisses und des relativ günstigen Preises
bei Skateboardfahrern sehr beliebt und eignet sich
ideal zum Rutschen an Handgeländern sowie für
„Kickflips", „Lipslides" und das „Vert-Fahren".

Skateboard

Abmessungen	79 x 19 x 1 cm
Werkstoffeigenschaften	**Sehr abrieb- und verschleißfest**
	Schwer zu bearbeiten
	Einigermaßen gut beiz- und lackierbar
	Feine, gleichmäßige Maserung
	Normalerweise geradfaserig
	Mittelschweres Holz
	Gut zum Dampfbiegen geeignet
	Für Nägel und Schrauben Vorbohren erforderlich
Vorkommen	**Europa; USA; Kanada**
Weitere Informationen	**Skate of Mind, London, GB**
Anwendungsbereiche	**Bodenbeläge für Häuser und Industrie: Squashplätze;**
	Kegelbahnen; Rollschuhbahnen; Schuhleisten;
	Rollen in der Textilproduktion; Möbel und
	Drechslerwaren; Ahornsirup

siehe auch: **Ahorn 018, 020–021, 036, 044, 085, 112; Sperrholz 054, 056, 060, 062–064, 100, 118, 123, 131**

073 Abgeleitetes

074

Saisonbedingt

Es stimmt: dieses Material ist eigentlich kein richtiges Holz und kann auch nicht in einem Geschäft oder Holzlager gekauft werden (was bereits seine umweltfreundlichen Eigenschaften andeutet). Das niederländische Designbüro Droog, das bekanntermaßen mit innovativen Werkstoffen die Grenzen der Kreativität erweitert, benutzte u.a. dieses Material im Oranienbaum-Projekt (vgl. S. 030).

Die Gartenbank wird mit einem modernen Produktionsverfahren sowie einer Substanz gestaltet, die schon in der Natur vorkam, seit die ersten Blätter vom ersten Baum fielen. Der organische Stoff wird mit einem Harz zu einem Material vermischt, das sich pressen und extrudieren läßt. Dabei kann fast jede organische Substanz verwendet werden, z.B. Heu im Sommer und Blätter im Herbst. Die Produkte können auch maßgefertigt und auf bestimmte Längen zugeschnitten werden. Die Kombination von reichlich vorhandenen organischen Stoffen und der neuen Anwendung alter Technik ist in der Tat beeindruckend.

Abmessungen	Standardgröße: 200 x 75 x 78 cm, auf gewünschte Länge zuschneidbar
Vorkommen	Herstellung in verschiedenen Teilen der Welt je nach Herkunft des Holzes
Weitere Informationen	www.dmd-products.com
	www.droogdesign.nl

Gartenbank
Design: Jurgen Bey
1999

siehe auch: Nachhaltig 028, 079, 096; Droog 030

076

Aus der Natur

Alessi zählt zu den führenden designorientierten
Unternehmen der Welt. Die Produkte der Firma wurden
jahrelang ausschließlich aus Edelstahl hergestellt, doch
seit einigen Jahren umfaßt die erweiterte Werkstoff-
palette Kunststoff, Keramik, Holz und neuerdings das
landwirtschaftliche Nebenprodukt Stroh.

In Zusammenarbeit mit dem finnischen Hersteller
Strawbius Oy wurde für diesen neuen Werkstoff ein
spezielles Produktionsverfahren entwickelt. Die
Strohschalen wurden auf die einfache Halbkugelform
beschränkt und wirken wegen der verflochtenen,
schichtweise angeordneten Strohstreifen so attraktiv.
Die dekorative Oberfläche wird durch eine Schicht aus
Bienenwachs geschützt und veredelt, das heißt, bei
der Herstellung wurden keine chemischen Klebstoffe
verwendet. Die Schalen sind allerdings nicht wasser-
und feuchtebeständig.

Die Anlehnung an überlieferte Handwerkskunst bildet
einen auffälligen Gegensatz zu den modischen Farben
und Oberflächen der meisten Alessi-Produkte. Die
Strohschalen führen aber die traditionelle Experimen-
tierfreude der Firma fort – in diesem Fall besonders
mit neu entwickelten Werkstoff- und Produktionsverfahren.

Abmessungen	22 x 30 cm; 10 x 13,5 cm
Herstellung	Zerkleinertes Stroh, Wasser, Kartoffelstärke und natürliche Pigmente, verdichtet und unter Hitzeeinwirkung geformt
Werkstoffeigenschaften	Biologisch abbaubar
	Erneuerbare Rohstoffquelle
	Niedrige Rüstkosten
Weitere Informationen	www.alessi.com

Strohschalen
Design: Kristiina Lassus
Auftraggeber: Alessi
2000

siehe auch: Alessi 036; Skandinavien 038, 042, 109

Exzellente Abdichtung

Der sich warm, wachs- und schwammartig anfühlende Kork ist ein weiterer Wunderwerkstoff der Natur. Er wurde bereits im Griechenland der Antike geerntet und von den Fischern seiner Schwimmfähigkeit wegen genutzt. In unserer heutigen Zeit stammt etwa die Hälfte der weltweiten Korkproduktion aus Portugal, wo im Norden des Landes täglich 30 Millionen Korkverschlüsse hergestellt werden.

Kork entsteht in der Baumrinde in vierzehnkantigen Zellen, die das wasserundurchlässige Suberin einlagern, eine wachsartige, abdichtende Substanz. Die Rinde wird vorsichtig in Streifen abgeschält, die zum Trocknen sechs Monate gelagert werden. Danach werden die Streifen gekocht, weitere drei Wochen zum Trocknen gelagert und schließlich in verschiedenen Formaten zum Endprodukt verarbeitet.

Da die Korkeiche der einzige Baum ist, dessen Rinde nach dem Abschälen wieder nachwächst, ist sie eine zu 100% erneuerbare Rohstoffquelle. Ein Baum produziert einige hundert Kilo Korkrinde pro Ernte und wird mehrere Generationen alt. Da Kork bei der Abfüllung von Weinen zunehmend von elastomeren Kunststoffen verdrängt wird, müssen neue Anwendungen für diesen leichten, außergewöhnlichen Naturwerkstoff gefunden werden. Designer wie die Gruppe El Ultimo Grito haben kreative Anwendungen für Kork bei modernen Möbeln aufgezeigt, die nicht die üblichen Assoziationen von Gartenparties wecken.

Abmessungen	50 x 69 x 61,5 cm
Werkstoffeigenschaften	Leicht; Schwimmfähig
	Gute Elastizitäts- und Verdichtungseigenschaften
	Undurchlässig für Flüssigkeiten und Gase
	Gute Isolierung; Feuerhemmend
	Verschleißfest; Erneuerbare Rohstoffquelle
	Hypoallergen; Chemisch inaktiv
Vorkommen	Portugal; Algerien; Spanien; Marokko; Frankreich; Italien
Weitere Informationen	www.woodfibre.com; www.corqinc.com
	www.granorte.pt/properties.htm
Anwendungsbereiche	Schuhe; Transportkoffer; Lenkergriffe; Schutzhelme;
	Federbälle; Dartboards; Badematten; Bojen für
	Fischernetze; Wand- und Bodenfliesen;
	Schwingungsdämpfer; Isolierung; Möbel

Sessel
Design: El Ultimo Grito

siehe auch: Nachhaltig 028, 074, 096; Leicht 032, 068; Möbel 016, 018–019, 021, 024, 026–027, 056, 068, 083, 091, 124, 126

080

Kokosnüsse sind zwar kein Holz, aber ein davon abgeleitetes Material. Sie zählen zu den weltweit verbreitetsten und ungewöhnlichsten Früchten. Die Kokospalme
wird wie auch Apfel- oder Birnbäume eher wegen ihrer
Frucht als wegen ihres Holzes geschätzt.

Die rauhen Haare der Nußschalen sind die einzigen
fäulnisbeständigen Naturfasern. Sie werden in einem
unkomplizierten Herstellungsverfahren ohne Zusatz-
stoffe z.B. zu Kokosbast – dem idealen Material für
Fußmatten – und Dämmplatten für Fußböden und
Zimmerdecken verarbeitet.

Abmessungen	**Einzelplatten: 1250 x 625 mm**
	Dicke: 13, 18, 23 und 28 mm
	ohne Verdichtung
Werkstoffeigenschaften	**Hervorragende Dauerhaftigkeit**
	Fäulnisbeständig
	Gute Wärme- und Schalldämmung
	Umweltfreundlich
	Fast geruchlos
Vorkommen	**Tropische Regionen – Asien, Afrika, Mittel- und Südamerika**
Weitere Informationen	**www.coirtrade.com; www.coconut.com**
	www.ecoconstruct.com; www.fertilefibre.co.uk
Anwendungsbereiche	**Seile; Garne; Fußmatten; Vorleger; Teppiche; Wasserfilter; Bodenerosionsschutz; Schallabdichtung; Bürstenhaare; Mulch**

Kokosfaserplatte
Lieferant: Construction
Resources

siehe auch: Obstbaumholz 036, 085

Wärme- und Schalldämmung

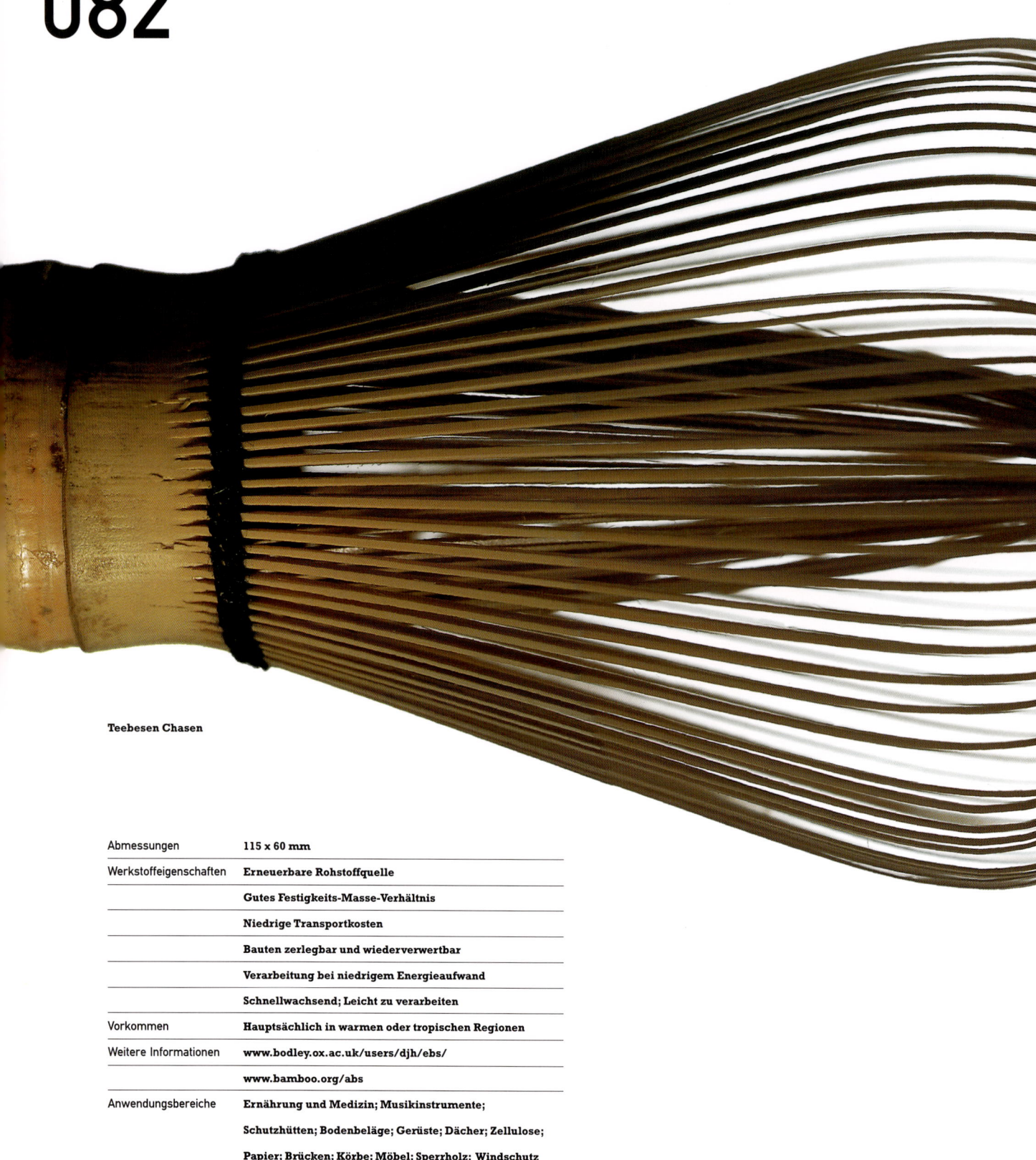

Teebesen Chasen

Abmessungen	**115 x 60 mm**
Werkstoffeigenschaften	**Erneuerbare Rohstoffquelle**
	Gutes Festigkeits-Masse-Verhältnis
	Niedrige Transportkosten
	Bauten zerlegbar und wiederverwertbar
	Verarbeitung bei niedrigem Energieaufwand
	Schnellwachsend; Leicht zu verarbeiten
Vorkommen	**Hauptsächlich in warmen oder tropischen Regionen**
Weitere Informationen	**www.bodley.ox.ac.uk/users/djh/ebs/**
	www.bamboo.org/abs
Anwendungsbereiche	**Ernährung und Medizin; Musikinstrumente;**
	Schutzhütten; Bodenbeläge; Gerüste; Dächer; Zellulose;
	Papier; Brücken; Körbe; Möbel; Sperrholz; Windschutz
	in der Landwirtschaft

Ein Meter pro Tag

„Auf nur 500 m^2 Land kann man jedes Jahr genug für den Bau eines Bambushauses ernten", so ZERI-Gründer Günter Pauli.

Bambus wächst über 30% schneller als jeder andere Baum der Welt. Er bietet seit Jahrhunderten Menschen in tropischen und subtropischen Gebieten Schutz, ganz zu schweigen davon, daß er den Lebensunterhalt Hunderter Generationen sicherte, da die Kenntnisse über Ernte und Konstruktion weitergegeben wurden.

Hätten ihn Menschen erfunden, würde man Bambus als Wundermaterial ankündigen, so wie dies oft bei Kunststoffen wie Teflon® und Velcro® geschehen ist. In Design und Architektur wurden die einzigartigen Möglichkeiten dieses faszinierenden Naturstoffs allerdings bis jetzt noch nicht voll erkannt bzw. ausgeschöpft. Angesichts der Tatsache, daß Bambus über zweieinhalbmal kostengünstiger als Holz und über fünfzigmal preiswerter als Stahl ist, sollte man eine bessere Nutzung dieses Gewächses in Erwägung ziehen.

Bambus läßt sich bei günstigen Klimabedingungen praktisch vor der Haustür anpflanzen (geringe Transportkosten), kann bereits fünf Jahre später für den Hausbau eingesetzt werden und wächst nach der Ernte weiter. Er besitzt ein gutes Festigkeits-Masse-Verhältnis und ist der ideale Werkstoff für das Überleben auf einer einsamen Insel, da er sich sowohl in Streifen gespalten zu Körben und Möbeln flechten als auch für Ernährung, Medizin und Baukonstruktion nutzen läßt.

siehe auch: Möbel 016, 018–019, 021, 024, 026–027, 056, 068, 079, 091, 124, 126

084

Aus dem Kochtopf

Wer den lästigen Rauch künstlich hergestellter Briketts vermeiden möchte, sollte sich für natürliche Holzkohle entscheiden. In Großbritannien werden jährlich 45.000 Tonnen Holzkohle zum Grillen verbraucht und 96% davon aus Übersee importiert. Da sich die Herkunft nur schwer zurückverfolgen läßt, könnte die Holzkohle auch von gefährdeten Arten stammen. Die Traditional Charcoal Company verwendet ausschließlich Holz, das in gut bewirtschafteten Forsten geschlagen wird. Zur Gewinnung von Holzkohle werden gestapelte Baumstämme zwei Tage in einem Stahlofen erhitzt, der wie ein riesiger Kochtopf aussieht. Der Ofeninhalt sinkt beim Brennen der Stämme nach unten und wird mit Sand oder Erde bedeckt. Die Holzkohle wird nach 16 bis 18 Stunden im Ofen abgekühlt und anschließend herausgeschaufelt, sortiert und verpackt.

Weitere Informationen **The Traditional Charcoal Company, Cheshire, GB**

Tel.: +44 (0) 1606 835243

British Charcoal and Coppice Association

Bioregional Development Group, London, GB

Tel.: +44 (0) 208 669 0713

Holzkohle

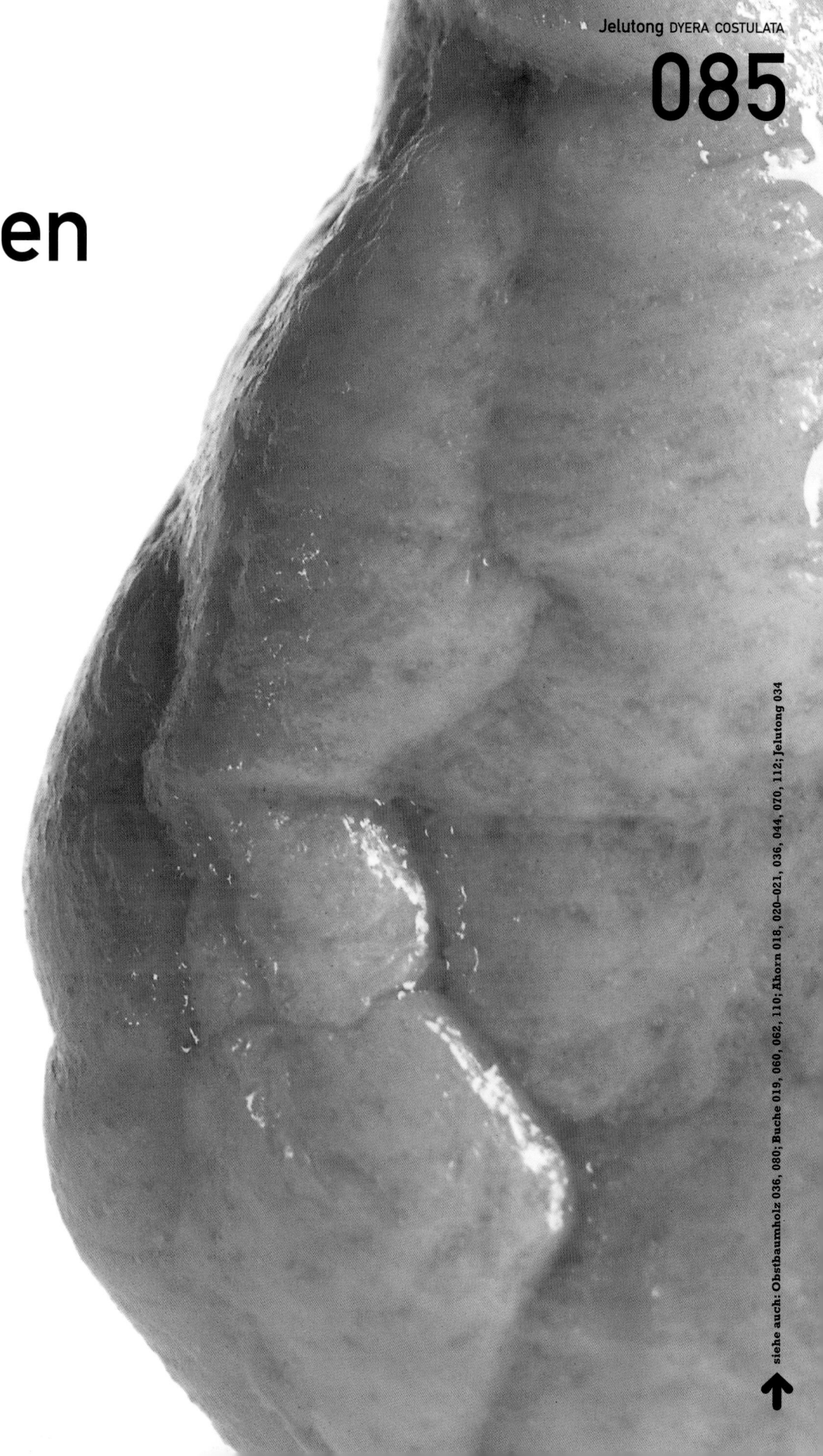

Zum Kauen

Für Bäume und ihre Früchte gibt es zahlreiche Verwendungen, die überhaupt nichts mit der Herstellung
von Möbeln und sonstigen festen Produkten zu tun
haben. Im übrigen stammen nicht alle eßbaren Teile
eines Baums von der Frucht. So kann zum Beispiel aus
Harz, das aus dem Innern des Holzes gewonnen wird,
Kaugummi produziert werden.

In der Kulturgeschichte finden sich unübersehbar viele
Verweise auf Arzneimittel, Salben und Tränke, die mit
Holz zu tun haben: von der Buchenasche zur Seifen-
produktion über den Ahornbaum zur Gewinnung von
Sirup bis hin zu Tencel®, Rayon® und Zellulose zur Her-
stellung von Kunststoffen.

Der Jelutongbaum eignet sich wegen seiner feinen,
gleichmäßigen Maserung bestens für den Modellbau,
während sein Milchsaft vor allem zur Herstellung von
Kaugummi dient.

Kaugummi

siehe auch: Obstbaumholz 036, 080; Buche 019, 060, 062, 110; Ahorn 018, 020–021, 036, 044, 070, 112; Jelutong 034

086

Kunststoffholz

Die Zukunft von Werkstoffen wird weiterhin stark von solchen Verbundmaterialien beeinflußt werden, bei denen einzelne Stoffe zu neuen mit anderen Eigenschaften kombiniert werden. Timbercel® zählt zu diesen immer wieder auftauchenden neuen Erfindungen, die die Grenzen verwischen, an denen ein Werkstoff aufhört und ein anderer beginnt. Es wird effizient wie Kunststoff massenproduziert und wie Holz bearbeitet. Die Kombination besteht aus Polymerharz und 30 bis 50% wiederverwertetem Holzmehl.

Die Mischung läßt sich am besten als Kunststoffholz bezeichnen, das in spezielle Profile stranggepreßt wird. Sie können verschraubt, geschnitten, gesägt, geschliffen und mit Bohrungen versehen werden wie normales Holz. Da Timbercel® im Gegensatz zu Holz nicht verwittert, könnte es auch weitere Einsatzbereiche für Holz erschließen, bei denen der Holzbestandteil Außenbedingungen ausgesetzt wird.

Diese Art Werkstoff ist an sich keine bahnbrechende Neuheit. Er kann aber wegen seiner verbesserten Formulierung für solche Anwendungen extrudiert werden, bei denen lange, durchgehende Formen erforderlich sind, die sich wie Holz bearbeiten lassen. Durch Ändern von Holzart und Pigmenten sind auch verschiedene Farben möglich. Timbercel® wurde bis jetzt nur für diese spezielle Formtechnik genutzt, doch eine entsprechende Weiterentwicklung könnte sogar zu einer modellierbaren Rezeptur führen.

Werkstoffeigenschaften	**Feuerhemmend; Dauerhaft**
	Wiederverwertbar
	Gut zu bearbeiten
	Gute Witterungsbeständigkeit
Weitere Informationen	**www.britishvita.com**
Anwendungsbereiche	**Hausbau; Fensterrahmen; Bohlenbeläge**

Timbercel®

siehe auch: Serienfertigung 021, 025, 047, 116, 123, 128, 131

Holzmaserung nach Maß

Alpi ist im Bereich der Produktion industriell hergestellter Holzfurniere marktführend. Die Vorteile von
Alpis Produkten gegenüber herkömmlichen Holz-
furnieren sind nachvollziehbar, wenn man die Unterschiede bei der Fertigung betrachtet. Bei natürlichen
Holzmaserungen wird das Furnier durch Rundschälen
eines Baums gewonnen, während Alpi die Textur trotz
Verwendung echten Holzes künstlich herstellt. Auf
diese Weise läßt sich praktisch jede beliebige Maserung,
Farbe und Struktur erzeugen.

Abgesehen von der Möglichkeit, daß man mit Alpi seine
eigenen Muster für die Maserung anfertigen lassen
kann, besteht der Hauptvorteil für viele Branchen in
der gleichbleibenden Beschaffenheit jedes Blattes, was
bei natürlichen Furnieren nicht realisierbar wäre. Da
Alpi nur zwei Holzarten verarbeitet (italienische Pappel
und Ayous aus Kamerun), unterliegen die Preise nicht
den gleichen Schwankungen wie Holz. Es treten außerdem keine Astknoten, Risse oder sonstige natürliche
Mängel auf.

Zu Beginn des Produktionsablaufs wird ein zweidimen-
sionales Bild auf Eafwoods CAD-System erstellt oder
ein natürliches Furnier eingescannt. Danach werden
die Echtholzblätter durch Rundschälen eines Baumstamms hergestellt, gefärbt, verleimt und unter hohem
Druck zu einem speziell geformten festen Block
gepreßt, der nach dem Trocknen in schmale Blätter
zerschnitten wird. Die so erhaltenen Messerfurniere
fühlen sich wie natürliche Furniere an, sehen auch so
aus und können in der gleichen Weise gehandhabt und
gefügt werden.

Abmessungen	Länge: 220–340 cm
	Standardbreite: 62 cm
	Dicke: 0,3–3 mm; Holzdicke: 25–90 mm
Werkstoffeigenschaften	Stabiler Preis; Wenig Verschnittholz
	Kostengünstig im Vergleich zu Furnieren mit Knollen- und Vogelaugenmaserung
	Ernte in gut bewirtschafteten Forsten
	Bei schnellwachsenden Bäumen Replikate möglich
	Praktisch alle natürlichen oder künstlichen Muster produzierbar
	Wie natürliche Furniere anwendbar
Vorkommen	Künstlich hergestellt aus regionalem Holz
Weitere Informationen	www.eafwood.co.uk; www.alpiwood.com; www.alpiholz.de
Anwendungsbereiche	Tischlerei allgemein; Möbel; Bodenbeläge; Musikinstrumente; Türen; Bilderrahmen; Schreibtischzubehör

Furnierstücke
Herstellung: Alpi

siehe auch: Furnier 016, 058, 060, 064, 068, 091, 091, 100, 106, 109, 112, 116, 118, 127–128; Leim 039, 047, 049, 058, 062, 094, 100; Pappel 030, 050, 128;

089 Architektonisches

Holz an der Wand

Wem das Holz in den eigenen Möbeln noch nicht ausreicht, der kann seine Wände mit Holz verkleiden und so sein Naturgefühl voll und ganz zur Geltung bringen! Diese Holztapete wird ähnlich wie eine normale Tapete an der Wand befestigt. Die Bögen werden gemäß ihrer Numerierung angebracht, damit die Tapete einheitlich aussieht. Dieses ausgesprochen dünne Furnier läßt sich obendrein leicht um Ecken und Türkanten herumbiegen. Die Bögen sind im Gegensatz zu herkömmlichen Furnieren reißfest, da ihre Rückseite mit Klebstoff bestrichen wird.

Abmessungen	Fertigung nach Maß
Werkstoffeigenschaften	Viele Furniere lieferbar
	Leicht anzubringen
Weitere Informationen	www.gilford.com
Anwendungsbereiche	Gipskartonwände; Türen

Zur Anbringung der Holztapete:

- Klebstoff gleichmäßig auf die Wand aufrollen und dabei keine Bereiche auslassen, da die Tapete nur an Wandflächen haftet, die mit Klebstoff bestrichen sind. Vollständig trocknen lassen (etwa 12 bis 24 Stunden).
- Sobald der Klebstoff an der Wand trocken ist, die Rückseite der Tapete mit Klebstoff bestreichen und dabei besonders auf die Kanten und Ecken achten. Den Bogen an die Wand andrücken (mit der oberen linken Ecke beginnen), solange er noch naß ist.
- Den gesamten Bogen überall gleichmäßig anpressen: zuerst in der Mitte und dann nach außen zu den Kanten hin, um etwaige Luftblasen zu beseitigen.
- Nach Trocknung des Klebstoffs die Oberfläche auf Luftblasen prüfen. Falls noch Blasen vorhanden sind, ein Stück Papier auf die Stelle halten und mit einem Bügeleisen (auf „Baumwolle" eingestellt) glätten.
- Sobald der Klebstoff vollständig getrocknet ist (nach ca. 24 Stunden), kann die Oberfläche geschmirgelt, gebeizt und versiegelt werden.

Holztapete
Herstellung: Gilford

092

Pflegeleicht

Iroko wird häufig als Alternative zu Teakholz verwendet. Es war wegen seiner Festigkeit, Dauerhaftigkeit und geringen Pflegeanforderungen der ideale Werkstoff für dieses bemerkenswerte Projekt im Südpazifik. Das Kulturzentrum Jean Marie Tjibaou umfaßt zehn „Häuser", die die Kultur der Südseeinsulaner entsprechend würdigen sollen. Die gekrümmten Strukturen aus Holzträgern und -rippen ähneln archaischen Hütten, doch jede davon ist mit allen Möglichkeiten moderner Technik ausgestattet. Die zehn geräumigen Bauten, die jeweils ein eigenes Thema verkörpern, bestehen aus einer vielfältigen Kombination von Werkstoffen: Beton und Koralle, Aluminiumgußstücke und Glasscheiben, Baumrinde und Edelstahl sowie Schicht- und Naturholz aus Iroko.

Kulturzentrum Jean Marie Tjibaou, Nouméa, Neukaledonien
Architekt: Renzo Piano Building Workshop
1993–1998

Werkstoffeigenschaften	**Mittelschweres Holz**
	Unregelmäßige, grobe Maserung
	Nur mäßig zum Dampfbiegen geeignet
	Bei Porenfüllung sehr gut lackierbar
Vorkommen	**Ost- und Westafrika**
Weitere Informationen	**www.rpwf.org**
Anwendungsbereiche	**Alternative zu Teak; Bootsbau; Außenmöbel;**
	Werkbankplatten; Abtropfbretter; Innen- und
	Außenausbau

siehe auch: Teak 027, 092; Schichtholz 056, 062, 067, 100, 106, 109

Zerkleinert und verleimt

Zerteilt man einen Baumstamm und setzt man ihn anders wieder zusammen, können sich daraus Vorteile ergeben. Parallam ist ein verarbeitetes Baumaterial aus meist 15–20 cm langen Holzstreifen, die neu zusammengefügt und zu Balken verleimt werden. Die nachteiligen Eigenschaften des Holzes werden beim Verfahren der Neuformung eliminiert, so daß man am Ende einen festeren Naturwerkstoff erhält, der sich ganz wie normales Holz bearbeiten läßt.

Bei diesem Prozeß wird ein weitaus größerer Teil des Baumstamms verarbeitet als beim Zersägen. Das festeste Holz stammt vom rindennahen Teil des Baums; das innere Holz dagegen ist jung und weich und eignet sich aus praktischen Gründen nicht als Schnittholz, da der Baum erst in dünne, halbkreisförmige Bohlen zersägt werden müßte, um es vom restlichen Teil des Stamms zu trennen. Dieses wertvolle Rohholz wird nun durch Parallam auf die beste Art genutzt.

Bei der Herstellung von Parallam werden Furnierblätter vom Stamm einer Douglasie oder Kiefer geschält. Die Furnierblätter werden in feine Streifen zerschnitten, die wiederum mit Leimen und Harzen vermengt werden. Durch Mikrowellenerhitzung wird diese Mischung zu einem großen, festen Klotz gehärtet, der in handlichere Balken zersägt werden kann. Bei diesem Verfahren entsteht ein wertvolles Baumaterial bei äußerst effizienter Verwertung der ursprünglichen Baumstämme.

Werkstoffeigenschaften	Verzieht sich praktisch nicht	Stück aus Parallam
	Keine Längenbeschränkung	Herstellung: Trus Joist
	Wie Schnittholz zu bearbeiten	
	Dauerhafter als Schnittholz	
	Ausgezeichnete Maßhaltigkeit	
	Widerstandsfähig gegen Wärmeausdehnung	
Weitere Informationen	www.trusjoist.com; www.lignatur.ch	
Anwendungsbereiche	Balken; Stürze; Querstücke; Binder; Säulen; Pfosten;	
	Anwendungen innen und außen; Bohlenbeläge;	
	Eisenbahnschwellen	

↑ siehe auch: Kiefer 013, 044; Leim 039, 047, 049, 058, 062, 087, 100

096

Ein Haus in drei Tagen

Die britische Firma Construction Resources wirbt für
ökologisches Bauen, wobei der Schwerpunkt auf der
Erneuerung und Wiederverwertung von Naturwerkstoffen liegt, bei deren Verarbeitung möglichst wenig
Energie verbraucht wird.

Das Steko-Modul ist ein vielseitiges, vorgefertigtes
Holzbauelement, das sich ohne weitere Befestigungen
mit anderen Modulen zusammenstecken läßt. Die Hohl-
räume in den Blöcken bieten Platz für die Verlegung
von Kabeln und Wasserleitungen und werden zur Iso-
lierung mit Zellulosefasern gefüllt.

Die wahre Schönheit dieser in der Schweiz entwickelten
Bausteine beruht jedoch auf der Verwendung präzise
bearbeiteten Sägerestholzes. Es stammt von der Herstellung anderer Produkte, die aus schnellwachsendem,
erneuerbarem Holz gefertigt werden. Das Bauprinzip
ohne Leim ermöglicht eine schnellere Errichtung als der
baustellenspezifische Holzrahmenbau und gewährleistet außerdem, daß das fertige Haus leicht verändert
und angepaßt werden kann.

Steko-Modul
Herstellung: Construction
Resources

Abmessungen	Länge: 160, 320, 480, 640 mm
	Höhe: 240, 320 mm; Dicke: 160 mm
Werkstoffeigenschaften	Nutzung von Sägeresten aus schnell erneuerbaren Waldbeständen
	Ermöglicht schnelle Errichtung
	Keine Klebstoffe oder andere Befestigungen nötig
	Tragfähige und raumbildende Wände
	Keine Trocknungszeit
Vorkommen	Vor Ort beim Herstellungswerk
Weitere Informationen	www.ecoconstruct.com; www.dickholz.de; www.steko.ch
Anwendungsbereiche	Holzbau allgemein

siehe auch: Nachhaltig 028, 074, 079 ↑

098

Lokale Abfallressourcen

Forste sind wertvolle Rohstoffquellen, die entsprechend bewirtschaftet werden müssen, um gesundes Pflanzenwachstum zu garantieren. Als Nebenprodukt fällt bei der Durchforstung Schwachholz an, das kommerziell meist nicht verwertbar ist. Der Hooke Park gehört zum Parnham Trust im britischen Dorset, einer 1977 von John Makepeace gegründeten Stiftung mit Lehrwerkstätten, bei der sonst als Abfall anfallende Materialien in neuer Form bautechnisch genutzt werden.

Rundholz wird schon seit langem für Baukonstruktionen verwendet, doch bei den Gebäuden im Hooke Park gibt es keine Hölzer mit großem Querschnitt. Dieses spezielle Projekt demonstriert stattdessen, wie Schwachholz aus erneuerbaren örtlichen Waldbeständen effizient, sicher und umweltfreundlich zugleich genutzt werden kann. Ein weiterer Zweck besteht darin, diese Bauweise bekannter zu machen.

Werkstoffeigenschaften	Nutzung verschiedener Holzarten
	Nutzung örtlicher Materialien
	Nutzung von Holz, das sonst Abfall wäre
Weitere Informationen	www.abk.co.uk
	www.johnmakepeace.com

Hooke Park College
Architekten: Ahrends, Burton
und Koralek
Auftraggeber: Parnham Trust
1983–1990

siehe auch: Hooke Park College 024, 039; John Makepeace 024, 039; Technik 112, 115, 127

Daß mit dem Zusammenleimen von Hölzern die Festigkeit erhöht werden kann, ist sicherlich keine Neuigkeit. Das seit den 1950ern erhältliche Produkt Glulam – eine Abkürzung der englischen Begriffe für „Leim" und „laminiert" – versetzte Architekten und Designer in die Lage, mit Bauholz in einer vorher nicht möglichen Art und Weise frei experimentieren zu können.

Durch Verleimen von Hölzern verschiedener Dicke (ab zwei Schichten) wird die Biegsamkeit von Schnittholz reduziert und die Quellung und Schwindung eingeschränkt. Das dadurch festere und stabilere Holz kann auf jedes beliebige Format zugeschnitten werden. Die einzige Einschränkung bei der Größe ist der Transport, nicht die Herstellung selbst.

Glulam unterscheidet sich dadurch von Plattenmaterialien wie Sperrholz, daß statt Furnieren Massivholz verwendet wird. Die Hölzer werden horizontal laminiert und können ohne nachteilige Auswirkungen auf die Stabilität zu beliebigen krummen oder geraden Stücken zusammengeleimt werden. Im Holzbau werden Hölzer ähnlicher Länge und ähnlichen Gewichts bevorzugt. Europäisches Weiß- und Rotholz sowie Lärchen sind in Großbritannien die am meisten genutzten Brettschichtmaterialien.

Neu geschichtet

Gebäude mit Glulam

Werkstoffeigenschaften	**Gute Maßhaltigkeit**
	Gutes Festigkeits-Masse-Verhältnis
	Ökonomisch: geringeres Gewicht des Glulams senkt die Kosten für Fundamente, Transport und Errichtung
	Umweltfreundlich
	Chemikalienbeständig
Weitere Informationen	**www.glulam.co.uk**
	www.cwc.ca; www.lilleheden.dk
Anwendungsbereiche	**Säulen; Balken; Träger; Binder bei Innen- und Außenanwendungen; Streusalzbehälter; Schwimmbecken; Autobahnbrücken**

Biologisch abbaubar

Es gibt zur Zeit nur sehr wenige echte Holzgitter-schalen-Gebäude, und der Gridshell Workshop von Downland ist in Großbritannien der einzige seiner Art. Gitterschalen aus Holz sind hauptsächlich deswegen so selten, weil noch wirksame Strategien gegen die Kräfte der Natur entwickelt werden müssen. Dabei sind solche Bauten bereits seit der Viktorianischen Zeit bekannt, als Lamellenstrukturen allgemein zum Bau von Gewölben und Kuppeln dienten.

Diese große Gitterkonstruktion bei Weald and Down-land besteht aus relativ dünnen, unbehandelten Leisten aus Eichenholz der Region. Diese Struktur ist ein wei-teres Beispiel für die intelligente und kreative Nutzung vorhandener Werkstoffe, sie ist biologisch vollständig abbaubar und wird ungefähr 100 Jahre halten.

Steve Johnson erklärt dazu: „Schalen sind von Natur aus extrem fest. Eine Gitterschale ist im wesentlichen eine Schale mit Löchern, bei der die Tragfähigkeit und Stabilität der Konstruktion jedoch in den Streifen vereinigt werden. Gitterschalen aus Holz haben zwei Leben: Sie sind in ihrem endgültigen Erscheinungsbild einerseits formvollendete, elastische und stabile Objekte und wirken andererseits während der Konstruktions-phasen vielleicht etwas mysteriös, da sie sich ange-sichts ihrer starren, verflochtenen oder überlappenden linearen Elemente eher wie steifes Gummi als wie loser Stoff verhalten. Die Gitterteile können wegen der besonderen Eigenschaften des Holzes in die vorgese-hene Form gebracht und anschließend fest miteinander verbunden werden."

**Weald and Downland,
Gitterschalen-Werkstatt
Architekt: Edward Cullinan
Architects
2000–2002**

Werkstoffeigenschaften	**Feste Struktur**
	Nutzung örtlicher Materialien
	Leicht konstruierbar
	Ökonomische Holznutzung
	Biologisch abbaubar
	Feuerhemmend
	Beständig gegen Pilzbefall
Weitere Informationen	**www.wealddown.co.uk**
	www.edwardcullinanarchitects.com
Anwendungsbereiche	**Flugzeugrümpfe; Schutzhütten/Gartenhäuschen, die schließlich biologisch abgebaut werden, wobei die Pflanzen übrigbleiben und die ursprüngliche Struktur bewahren**

siehe auch: Eiche 026, 028, 110; Biologisch abbaubar 124

105 Produktion

Im Großbritannien der 1940er Jahre war die erfinde-
rische Wiederverwendung und Wiederverwertung
die Regel. Holzspäne wurden zweckdienlich und erstmals in größerem Umfang in Form von Spanplatten
genutzt. Dieser preisgünstige, vielseitige Werkstoff
wurde später für viele Produkte – von Innenräumen
und Karosserien von Fahrzeugen bis hin zu Radios
und Stereoanlagen – verwendet, meist als verdeckte
Flachplatte, auf die ein dekoratives Furnier oder
Schichtholz aufgeleimt wurde. Bei diesem „natürlichen"
Fernsehgerät ist das geformte Spanholz dagegen
sichtbar und mit einer interessanten und attraktiven
Oberfläche gestaltet.

Natürliche Elektronik

Werkstoffeigenschaften	Relativ niedrige Rüstkosten
	Ökonomische Nutzung von Holz
	Hohe Feuchtigkeitsaufnahme
Anwendungsbereiche	Ähnliche Anwendungen, bei denen Formverfahren
	erforderlich sind; Industrieverpackungen

Fernsehgerät Jim Nature
Design: Philippe Starck
Herstellung: Thompson
Consumer Electronics für
SABA, Frankreich
1993

siehe auch: Fahrzeuge 016, 021, 112; Furnier 016, 058, 060, 064, 068, 087, 091, 091, 100, 109, 112, 116, 118, 127–128; Schichtholz 056, 062, 067, 092, 100, 109

Ohne Chemikalien

Es ist geradezu unglaublich, wie weit diese Hölzer ge-
bogen und verdreht werden können, ohne zu brechen.
Bei diesem chemikalienfreien Herstellungsverfahren
können die meisten Harthölzer gemäßigter Klimazonen
zu Bendywood™ verarbeitet werden. Zunächst wird
das hochwertige geradfaserige Holz gedämpft, um die
Zellwände wie beim herkömmlichen Dampfbiegen zu
erweichen. Das nunmehr elastische Holz wird über
seine gesamte Länge mit einer 60-Tonnen-Hydraulik-
presse verdichtet, wobei die Zellwände wie eine Zieh-
harmonika zusammengedrückt werden. Diese neue
räumliche Struktur ist die Ursache für die Flexibilität
des Holzes. Das ebenfalls von der britischen Firma
Mallinson produzierte dauerhaft biegbare Flexywood™
ist, da es keine starre Form annimmt, das ideale Holz
für Umleimer und Kantenleisten.

Abmessungen	In verschiedenen Größen erhältlich
Werkstoffeigenschaften	Bei Raumtemperatur elastisch
	In verschiedenen Harthölzern erhältlich, die aus
	gemäßigten Zonen stammen
	Kann wie normales Holz bearbeitet werden
	Prototypen leicht herstellbar
	Nicht für Weichhölzer geeignet
Weitere Informationen	www.bendywood.com; www.compwood.com
Anwendungsbereiche	Handgeländer; Sportgeräte; Ladenmöbel;
	Schrankbau; Schilderproduktion; Gehstöcke;
	Türgriffe; Gardinenstangen; Möbel

Stück aus Bendywood

siehe auch: Bendywood™ 110; Dampfbiegen 109–110; Flexywood™ 110; Elastisch 022, 054, 058–059, 115, 118, 123

Leicht biegbar

Das Biegen trockener, dicker Holzteile wird durch das „Schlitzen" ermöglicht, das wie das Dampfbiegen und Laminieren auf einem sehr einfachen Prinzip aufbaut: wenn man aus einem Stück Holz Material herausnimmt und die Dicke reduziert, läßt es sich folglich leichter biegen. Die Breite der Schlitzungen eines Bretts steht in direktem Verhältnis zum Winkel der endgültigen Krümmung. Je geringer der Abstand zwischen den Schlitzungen ist, desto enger ist der Krümmungsradius.

Diese Hocker des finnischen Designers Alvar Aalto haben eine geschlitzte Biegung aus Schichtholz, bei der die Maserung am Ende eines Teils eingeschlitzt ist und Furniere in die Lücken eingesetzt sind. Sie veranschaulichen Aaltos Interesse an den Möglichkeiten von Holz bei Möbeln und ergeben sich normalerweise direkt aus seinen Konstruktionen für Gebäude. Aalto sorgte mit diesen Experimenten in den 1930er Jahren für eine Wiederbelebung der Nutzung und Ausdruckskraft von Holz und entwickelte eine Alternative zu den damals modernen Bauhaus-Designstühlen aus Stahlrohr.

Abmessungen	44 x 35 cm (Sitzdurchmesser)
Werkstoffeigenschaften	Die meisten Holzarten sind krümmbar
	Groß- und Kleinserienfertigung
Weitere Informationen	www.artek.fi
Anwendungsberelche	Gekrümmte Platten

Hocker 60
Design: Alvar Aalto
Herstellung: Artek
1935

siehe auch: Schlitzung 059, 110; Dampfbiegen 108, 110; Schichtholz 056, 062, 067, 092, 100, 106; Skandinavien 038, 042, 076; Furnier 016, 058, 060, 064, 068, 087, 091, 100, 106, 112, 116, 118, 127–128

Entspannt

Holz läßt sich je nach Dicke und Radius ohne jegliche Behandlungsmethode biegen. Vor der Erfindung von Bendywood™ und Flexywood™ konnte man Vollholz nur durch Schlitzen oder Dampfbiegen krümmen. Bei letzterem Verfahren, das vielerorts angewendet wird und von Michael Thonet im 19. Jahrhundert entwickelt wurde, wird Holz Dampf ausgesetzt, worauf sich die Fasern entspannen. Dadurch kann das Holzstück ohne Schwierigkeiten um die vorgegebene Form herumgebogen werden.

Der Erfolg des Dampfbiegens hängt teilweise von der Wahl des richtigen Holzes ab, das keine Astknoten und Risse aufweisen darf und geradfaserig sein muß. Biegbar sind alle Hölzer von Esche, Buche, Birke, Ulme, Hickory, Eiche, Walnuß und Eibe.

Der abgebildete Stuhl wurde von Marc Newson für die Ausstellung House of Fiction gestaltet. Die weichen Formen entstehen dadurch, daß jede Buchenleiste einzeln in Abhängigkeit vom jeweiligen Radius dampfgebogen wird.

**Dampfgebogener Stuhl
Design: Marc Newson
Auftraggeber: Ausstellung
House of Fiction
1988**

Abmessungen	75 x 75 x 100 cm
Werkstoffeigenschaften	Kann zu engen Krümmungen gebogen werden
	Für Groß- und Kleinserienfertigung geeignet
	Verschiedene Hölzer verwendbar
Weitere Informationen	www.marc-newson.com
	www.cappellini.com

Dekadente Reife

Holz gilt für viele als Statussymbol. Es signalisiert
Reife, Vertrauen und Zuverlässigkeit und versinnbild-
licht die traditionellen Werte der Vergangenheit. Das
polierte Furnierholz wirkt in Verbindung mit der Deka-
denz von Leder in Fahrzeuginterieurs verführerisch
und verleiht der Marke Jaguar das Image von Luxus
und Qualität.

Jaguar stattet die Innenräume seiner Fahrzeuge mit
zwei Furnierarten aus: Walnuß-Wurzelholz für die
Spitzenmodelle sowie Zuckerahorn (auch als Vogel-
augenahorn bezeichnet) für die Wagen in der Executive-
Ausführung. Die widerstandsfähigen Furniere müssen
über einen weitaus größeren Temperaturbereich
beständig sein als normalerweise bei ortsfesten Ein-
bauten in Innen- und Außenbereichen üblich. Ermöglicht
wird dies durch ein Formverfahren mit kombinierter
Anwendung von Hitze und Druck; die wachsfreie High-
Tech-Polyesterbeschichtung strahlt die Robustheit und
Gewißheit aus, daß diese Erfolgssymbole ihr Verspre-
chen auf Langlebigkeit halten.

Jaguars Furnier-Produktionszentrum ist in Großbritannien der größte Verbraucher von Walnuß-Wurzelholz
und formt die Furniere nach einer italienischen Technik
zu komplexen Kurven. Dabei werden je nach Teil bis
zu neun Einzelfurniere miteinander verleimt und so
weit zusammengepreßt wie ohne Rißbildung möglich.

Werkstoffeigenschaften	Dauerhaft
	Dekoratives Potential
	Effiziente Nutzung von Holz
	Niedrige Arbeitskosten
	Gute Maßhaltigkeit
	Umweltstabil
Weitere Informationen	www.jaguar.com; www.jaguar.de
Anwendungsbereiche	Kantinentabletts; Eingeprägte Muster zur
	Oberflächendekoration; Möbelintarsien; Zierleisten
	für Fahrzeuginterieurs

Jaguar X-Type

Verknotet

Haben Sie schon einmal darüber nachgedacht, wie schwierig und teuer die Herstellung von Spiralen und Wirbeln bei Geländern ist? Die Firma Haldane (UK) Ltd. wirbt für sich, daß sie Knoten in Holz hineinbringt, anstatt sich Gedanken zu machen, wie man sie wegbekommt. Das Foto scheint ein extrem gebogenes Geländer darzustellen, doch es handelt sich hier um ein Stück, das mit CNC-Oberfräsmaschinen aus drei Holzstäben hergestellt wurde. Die CNC-Technik, bei der man praktisch jede Form aus einem Stück Holz herausschneiden kann, wird vom geschäftsführenden Direktor Adam Forrester so beschrieben: „Es ist, als ob man die Schlüssel für das Space Shuttle ausgehändigt bekommt, wenn man sonst nur an einen Mini gewohnt ist."

Die Investitionen in die neue Technik haben sich ausgezahlt, und Haldane ist mittlerweile in der Lage, jedwede von Designern und Archtitekten verlangte Form zu produzieren. Die komplett dreidimensionale Bearbeitungs- und Frästechnik verschafft Designern die Möglichkeit, fast jedes x-beliebige Hart- oder Weichholzprofil zu produzieren und kann für Einzelstücke und Serien identischer Teile eingesetzt werden.

Abmessungen	**Durchmesser: 50 mm**
Werkstoffeigenschaften	**Dreidimensionales CNC-Schneiden**
	Klein- und Großserienfertigung
	An verschiedene Werkstoffe anpaßbar
	Konstruktionen direkt anhand von
	CAD-Dateien schneidbar
Weitere Informationen	**www.haldaneuk.com**
Anwendungsbereiche	**Lasierte Rundstäbe; Möbelteile; Geländer**

Stück aus Sapele-Holz

siehe auch: Elastisch 022, 054, 058–059, 108, 118, 123; CNC-Oberfräsmaschine 123; Technik 098, 112, 127

116

Bakterienkiller

Zahnstocher sind heutzutage selbstverständliches Ein-
wegzubehör jedes Küchenschranks. Sie galten früher
dagegen als etwas Besonderes, waren ein wichtiges
Utensil für Wohlhabende und häufig aus Elfenbein,
Silber oder Holz.

Die Zahnstocherproduktion beläuft sich auf 15.000 Stück
pro Minute oder 2,5 Milliarden pro Jahr. Zu Beginn des
automatisierten Prozesses werden Baumstämme in 24
ca. 18 mm dicke Platten zerteilt, die bei 70°C gedämpft
werden, um den Feuchtigkeitsgehalt zu erhöhen.
Die Platten werden auf einer Drehbank in Furniere
zerschnitten und zum Austreiben der überschüssigen
Feuchtigkeit getrocknet. Die Furniere werden anschließend sortiert, je nachdem, ob aus ihnen flache oder
runde Zahnstocher hergestellt werden sollen.

Bei runden Zahnstochern wird das Furnier in einer
Fräsmaschine zu runden Stiften verarbeitet. Diese
werden dann einer Anspitzmaschine zugeführt, die
aus mehreren Riemen- und Schleifsteinreihen besteht.
Die Zahnstocher werden hinterher poliert und verpackt.
Bei flachen Zahnstochern ist das Verfahren mit Stück-
zahlen bis 45.000 pro Minute erheblich schneller.

Diese kleinen Stäbe sind bisher noch nicht in großem
Maßstab durch andere Materialien ersetzt worden.
Die natürlichen, bakterientötenden Organismen im Holz
sowie seine Eigenschaft, weich zu werden, machen
aus ihm den perfekten Werkstoff für die Erkundung
der Mundlandschaft!

Werkstoffeigenschaften	Schweres, dichtes Holz
	Faserverlauf gerade, fein und dicht
	Gut zum Dampfbiegen geeignet
	Gut zu bearbeiten, ist aber manchmal weich
	Beiz- und polierbar
Vorkommen	Europa
Weitere Informationen	www.diamondbrands.com
Anwendungsbereiche	Zahnstocher; Hauptwerkstoff für Birkensperrholz-möbel; Sehr dekorative Furniere; Normale Drechslerwaren; Eislöffel

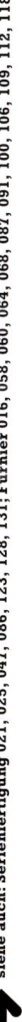

Sternförmige Konstruktion aus
Tausenden von Zahnstochern
Design: Tom Friedman

siehe auch: Serienfertigung 021, 025, 047, 086, 123, 123, 128, 131; Furnier 016, 058, 060, 064, 068, 087, 091, 100, 106, 109, 112, 118, 127–128

Organisches Design

Holz ist elastisch und sogar krümmbar, wenn es in dünne Teile zerschnitten und an eine vorgegebene Form angeleimt wird. Anders als bei Sperrholz-Furnierblättern, bei denen die Faserrichtung bei jeder Lage wechselt, verlaufen die Fasern bei diesen Holzschichten alle in eine Richtung. Mit diesem Verfahren lassen sich sehr leicht organische, wellenförmige, rhythmische Formen herstellen.

1941 begannen Ray und Charles Eames Experimente mit Formschicht- und -sperrholz für organisches Design bei einem Wettbewerb für Wohnmöbel. Sie entwickelten ihre Bearbeitungsmethoden weiter, als sie einen Auftrag von der US-Marine für 5.000 Beinschienen aus Form-sperrholz erhielten, und gründeten dazu die Plyformed Wood Company. Das von ihnen verwendete Sperrholz erfüllte damals zwei wesentliche Kriterien: erstens war es preiswert (was kurz nach dem Zweiten Weltkrieg wichtig war), und zweitens konnte man daraus Konstruktionen bilden, die an die Formen des menschlichen Körpers angepaßt werden konnten.

Der modulare Aufbau des Stuhls LCW ergibt sich daraus, daß jedes einzelne Teil separat produziert wird, wodurch sich komplexe, ergonomische Formen problemlos herstellen lassen.

Stuhl LCW
Design: Charles und Ray Eames
Herstellung: Moulded Plywood
Division, Evans
1946

Stuhl Schizzo
Design: Ron Arad
Originalhersteller: Vitra
1989

Abmessungen	68 x 56 x 62 cm
Werkstoffeigenschaften	**Krümmungen formbar**
	Klein- und Großserienfertigung
	Ökonomische Nutzung von Holz
Anwendungsbereiche	**Möbel; Pfeilbögen; Alle Holzstücke, bei denen**
	dicke, gekrümmte Formen erforderlich sind

120
Afrikanisches Hartholz

Der in Südafrika lebende Umwelt- und Wildnisexperte Butch Smuts drechselt seit 1998 schwere afrikanische Hölzer wie Bleiholzbaum, Wilde Olive und Tamboti. Er bearbeitet getreu seiner ökologischen Einstellung ausschließlich Hölzer abgestorbener Bäume. Diese äußerst harten und dichten Hölzer können nur mit speziellen Techniken bearbeitet werden; bei einigen Stücken dauert das Aushöhlen sogar bis zu siebzehn Stunden.

Es gibt wohl kaum Holzdrechsler, die ihr Handwerk nicht gerne ausüben und ihren Werkstoff nicht lieben. Manche von ihnen stellen Schalen nur deswegen her, um die unter der Rinde verborgene natürliche Schönheit zu zeigen — nicht etwa, um sie jemals als Gefäße einzusetzen. Viele Drechsler suchen ständig nach der perfekten Form, um das Wesen eines bestimmten Holzes zu erfassen. Allerdings ist diese Entwicklung des Holzdrechselns, sich die eher bildhauerischen und von formalen Funktionen losgelösten Möglichkeiten zu eigen zu machen, relativ neu.

Abmessungen	**316 x 310 mm**
Werkstoffeigenschaften	**Sehr hart und schwer**
	Sehr gut drechselbar
	Feine Porenstruktur und gleichmäßige Maserung
	Nicht zum Dampfbiegen geeignet
	Schwer zu bearbeiten
Vorkommen	**Süd- und Südostafrika**
Weitere Informationen	**www.flowgallery.co.uk**
Anwendungsbereiche	**Dekorative Furniere; Innenmöbel; Schnitzholz; Schachfiguren; Musikinstrumente**

**Hohles Stück aus Pau Rosa /
Red Ivory
2001**

siehe auch: Schweres Holz 035, 037, 067

Preisgekröntes Produkt

Man kann sich kaum vorstellen, wie ritualhaft und arbeitsintensiv allein die Suche nach dem richtigen Holz für die Herstellung einer wahrhaft guten Pfeife ist. Es handelt sich dabei um einen Prozeß, der weit mehr mit dem Schneiden von Diamanten gemein hat als mit irgendeinem herkömmlichen Holzprodukt.

Alfred Dunhills Firma hat sich seit der Eröffnung des ersten Pfeifengeschäfts 1907 als Hersteller einer der weltweit besten Pfeifen auf dem Markt etabliert. Alle Dunhill-Pfeifen werden aus wildwachsendem weißem Heidekraut gefertigt, das hauptsächlich in den bergigen Regionen des Mittelmeerraums vorkommt. Das Holz wird von dem Teil der Pflanze gewonnen, der sich unmittelbar unter der Bodenoberfläche befindet. Um zu verstehen, warum diese Holzart von derartiger Bedeutung ist, muß man wissen, wie die Maserung im Pfeifenkopf auf die Hitze reagiert.

Die meisten Hölzer, die verarbeitet werden, werden nach der Festigkeit und der Geradheit der Fasern ausgewählt. Bei Pfeifen ist jedoch das Gegenteil der Fall: geradfaseriges Holz würde sich nämlich schnell wegen der Hitze des brennenden Tabaks entlang der Faser spalten. Die Faserstruktur verläuft bei Pfeifenhölzern weitaus weniger gleichmäßig, so daß es kaum schwache Stellen gibt, die bei den hohen Temperaturen leicht aufreißen könnten.

Die Ernte und Verarbeitung dieses Holzes gestaltet sich schwierig und ist mit harter körperlicher Arbeit bei sengender Hitze verbunden. Sie setzt auch das Wissen voraus, wo man suchen muß. Daraus folgt, daß nur wenige Menschen dazu bereit sind. Nur bestimmte Sinti- und Roma-Gruppen erhalten die Erlaubnis, die unbewohnten Gegenden aufzusuchen und das Holz zu sammeln. Das Holz wird nach der Ernte mit Säcken bedeckt, damit es nicht austrocknet und keine Risse bildet, und an einen Händler verkauft, der es auf die richtigen und für ihn finanziell ertragreichsten Größen zuschneiden läßt. Das Holz muß aber vor dem Schneiden einige Jahre in einem dunklen Keller gelagert und jeden Tag bis zu den Wurzeln abgespritzt werden.

Werkstoffeigenschaften	**Unregelmäßige Maserung**
	Spaltfest
Vorkommen	**Südeuropa**
Weitere Informationen	**www.pipes.com; www.whitespot.co.uk**
Anwendungsbereiche	**Zifferblätter von Armbanduhren; Stifte; Rasierpinselgriffe;**
	Schachfiguren

Pfeife mit Windschutz

Abmessungen	64 x 48 x 46 cm
Werkstoffeigenschaften	**Keine Brandmale; Kein Nachreinigen von Kanten**
	Niedrige Rüstkosten
	Mit vielen Materialien möglich
	Für Klein- und Großserienfertigung geeignet
	Selbstmontage bedeutet niedrige Arbeitskosten
	Sehr dünne Schneidlinie
	Ecken mit extrem engen Radien schneidbar
Weitere Informationen	**christopherlaughton@hotmail.com**
Anwendungsbereiche	**Möbel; Haushaltszubehör; Ladenmöbel;**
	Schlittschuhkufen (Stahl); Panzerplatten; Glas

Wie eine Stichsäge

Designer können mit den richtigen Methoden und Werkstoffen kleine oder große Produktserien herstellen, ohne dabei viel in Werkzeuge investieren zu müssen. Christopher Laughton wählte für den Wäschebehälter Eclipse das Wasserstrahl-schnitt-Verfahren sowie den Werkstoff Aeroply wegen seiner Biegsamkeit. Aus den gekrümmten, verdrehten Holzteilen können extrem dünne Strukturen gefertigt werden – fast so wie bei der Bearbeitung von Papier.

„Nach meinem Universitätsabschluß brachte mich nicht das Interesse der Hersteller, sondern das der Einzelhändler dazu, nach Möglichkeiten zu suchen, mit denen ich die Produkte selbst fertigen konnte. Das Schneiden mit einer CNC-Wasser-strahlmaschine hat den Vorteil, daß die Rüstkosten sehr gering sind und man mehrere Blätter gleichzeitig schneiden kann. Die Oberfläche der geschnittenen Teile ist gut genug und muß nicht nachbehandelt werden. Ich konnte die Serie deshalb effizient bei minimalem Materialabfall und mit wenig manueller Arbeit herstellen", so Christopher.

Beim CNC-Wasserstrahlschneiden werden Formen erreicht, die normalerweise dem Schneiden mit Laser oder CNC-Ober-fräsmaschinen vorbehalten bleiben (die braune Kante, die beim Laserschneiden entsteht und die ausgefransten Kanten beim CNC-Schneiden werden hier vermieden). Außerdem wird das Sperrholz an der Unterseite nicht durch die Reflektion des Laserstrahls gebräunt. Die Biegsamkeit von Birkensperr-holz wurde für den Wäschebehälter vorteilhaft ausgenutzt, da es sich flach lagern und transportieren und obendrein selbst montieren läßt.

Wäschebehälter Eclipse
Design: Christopher Laughton
1994

siehe auch: Serienfertigung 021, 025, 047, 086, 116, 128, 131; Elastisch 022, 054, 058–059, 108, 115, 118; CNC-Oberfräsmaschine 115; Sperrholz 054, 056, 060, 062–064, 070, 100, 118, 131

Abmessungen	Außenstuhl: 89 x 89 x 70 cm
Werkstoffeigenschaften	Hohe Dichte und Toleranz
	Biologisch abbaubar, zu 100% wiederverwertbar
	Feuerhemmend (Brandschutzklasse B1)
	Ausgezeichnete Maßhaltigkeit
	Herstellung aus gemischten Abfallprodukten;
	Es entsteht kein neuer Abfall
	Sehr feuchtigkeitsbeständig im Vergleich zu
	Faser- und MDF-Platten
Weitere Informationen	www.fasalex.com; www.strandex.com
Anwendungsbereiche	Kabelbühnen; Fußleisten; Ersatz für extrudierte
	Kunststoffteile und Langprofil-Holzteile;
	Kabelkanäle; PVC-Ersatz für Fensterrahmen

Schiebestuhl
Design: Yann Gafsou
2002

Intelligenter Werkstoff

„Ich wollte zu Beginn dieses Projekts das Möbeldesign des 20. Jahrhunderts studieren, um mich mit der Vergangenheit vertraut zu machen und die Gegenwart und Zukunft dadurch besser verstehen zu können. Von Breuers Wassily-Sessel bis hin zu Alvar Aaltos Nummer 43 – all diese Konstruktionen bauten auf einem neuen Verfahren und dem lokalen Know-how auf und demonstrierten zugleich die Eigenschaften neuer Werkstoffe. Von da ab entschloß ich mich, ein Material als Richtlinie für dieses Projekt zu verwenden. Das Material und das Verfahren sollten mich zu einem Ergebnis führen." so Yann Gafsou.

Das ist das Grundprinzip hinter diesem extrudierten Holzstuhl, der laut Yann „aus einem Werkstoff des 21. Jahrhunderts" gefertigt wurde. Er ist ökologisch, ökonomisch und neu. Für den Stuhl werden örtliche Abfallmaterialien verwendet, und beim Herstellungsprozeß wird kein neuer Abfall erzeugt. Dieses Material kombiniert die Fertigungseigenschaften von Kunststoffen mit der Bearbeitbarkeit von Holz, ist biologisch abbaubar und nicht auf Holzfasern beschränkt. Als Ausgangsstoff können auch Reis, Sojabohnen, Bambus, Stroh und sogar Erdnüsse genutzt werden. Da Oberflächen mit vielen verschiedenen Lacken lieferbar sind,

kann der Kunde auch einen Holzeffekt bestellen, der genau seinen Vorstellungen entspricht.

Stets beliebt

Von Schulkantinen bis hin zu Wohnzimmern und
Abendessen vor dem Fernseher: diese Tabletts sind
unaufdringliche Archetypen des Alltagslebens. Diese
einfachen, vertrauten Objekte werden – ähnlich wie
Kunststoffe beim Vakuumformen – aus flachen Holz-
blättern zu dreidimensionalen Gegenständen verarbeitet. Bei diesem speziellen Preßverfahren entsteht ein
fast unzerbrechliches Produkt.

Durch die kombinierte Anwendung von Hitze, Druck
und Polymerharzen werden extrem feste Objekte mit
dünnen Teilflächen hergestellt. Man kann dies auch
bei unzähligen Möbelkonstruktionen beobachten, nicht
nur bei deren Aufbau, sondern auch bei Oberflächen-
designs der 1950er und 1960er Jahre, als es Mode war,
Schlangenhautmuster in Holz einzuprägen.

Abmessungen	**48 x 34 x 5 cm**
Werkstoffeigenschaften	**Formen mit geringer Tiefe möglich**
	Extrem dauerhaft; Spülmaschinenfest
	Wärmebeständig
	Ausgezeichnete Chemikalienbeständigkeit
	Bedruckbare Oberfläche
Weitere Informationen	**sales@neviluk.com; Tel.: +44 (0) 1322 443143**
Anwendungsbereiche	**Möbel; Eingeprägte Muster zur Oberflächendekoration;**
	Möbelintarsien; Zierleisten für Fahrzeuginteriéurs

Tablett aus Kunstharzpreßholz
Herstellung: Neville and Sons

siehe auch: Möbel 016, 018–019, 021, 024, 026–027, 056, 068, 079, 083, 091, 124

Geborgte Technik

Das schichtweise Anordnen von Holz für die Wasser-
dichtheit von Booten wurde von Handwerkern entwickelt
und im Verlauf unserer gesamten Geschichte immer
wieder praktiziert. Die Bademuschel wurde natürlich so
bearbeitet, daß das Wasser innen bleibt, nicht außen!

Die fertige Badewanne basiert auf zwei Jahren Entwick-
lungsarbeit von Designern und Bootsbauern sowie auf
für den Bootsbau spezifischen Konstruktionsmethoden.
Bei dieser Technik werden kleine, 3 mm dünne Säge-
furniere auf Glasfaserkunststoff (GFK) aufgeleimt. Das
Bad aus Holz steigert das sinnliche Erlebnis des Badens,
indem es ein angenehmes Aroma und eine warme
Oberfläche bietet, an die man sich anlehnen kann.

Die Holzoberfläche wird durch Öl oder Firnis geschützt
und versiegelt. Die Deckschicht sorgt auch dafür, daß
man auf der Haut kein rauhes Gefühl empfindet, wie es
z.B. beim Essen mit einem Holzlöffel aus der Pfanne
aufkommt.

Abmessungen	24 x 150 cm; Fassungsvermögen: ca. 380 Liter
Werkstoffeigenschaften	**Starre Konstruktion**
	Leichte Struktur
	Wasserdicht durch Öl und Firnis
	Vielseitiges Herstellungsverfahren
Weitere Informationen	**www.gnausch.de**
Anwendungsbereiche	**Yachtbau**

Bademuschel
Design und Herstellung: Tilo Gnausch
2001

Holz gilt im allgemeinen nicht als Werkstoff für die
Massenproduktion, Kunststoff dagegen definitiv und
Glas und Metall sicherlich auch. Holz besitzt nicht
diese Vergangenheit, für die Fertigung von Millionen
identischer Produkte genutzt zu werden. Streichhölzer
stellen hier jedoch eine interessante Ausnahme dar.

Sie werden normalerweise aus Espe und Pappel hergestellt. Dabei wird das Holz zunächst in Furnierblätter
zerschnitten, die in quadratische Schienen zerhackt
und durch mehrere Löcher in Metallplatten geführt
werden. Die Platten transportieren die Streichhölzer
durch die einzelnen Verfahrensschritte. Die Hölzchen
werden in ein chemisches Bad eingetaucht, um ein
Nachbrennen zu vermindern, und anschließend durch
Paraffin gezogen, damit sie leichter brennnen können.
Am Schluß werden die Köpfe aufgebracht. Mit Maschinen lassen sich täglich etwa 50 Millionen Streichhölzer
produzieren.

50 Millionen am Tag

Werkstoffeigenschaften	Grobe Maserung
	Gerader, ausgeprägter Faserverlauf
	Gut zu bearbeiten und zu lackieren
	Gute Wasserbeständigkeit
	Sehr gut zum Dampfbiegen geeignet
Vorkommen	Europa; Kleinasien; Nordafrika
Anwendungsbereiche	Möbel; Bodenbeläge; Bootsbau; Wein- und
	Whiskyfässer; Innenmöbel; Rahmen; Türen;
	Vertäfelungen; Kirchenbänke; Schnitzholz

siehe auch: Serienfertigung 021, 025, 047, 086, 116, 123, 131; Pappel 030, 050, 087; Furnier 016, 058, 060, 064, 068, 087, 091, 100, 106, 109, 112, 116, 118, 127

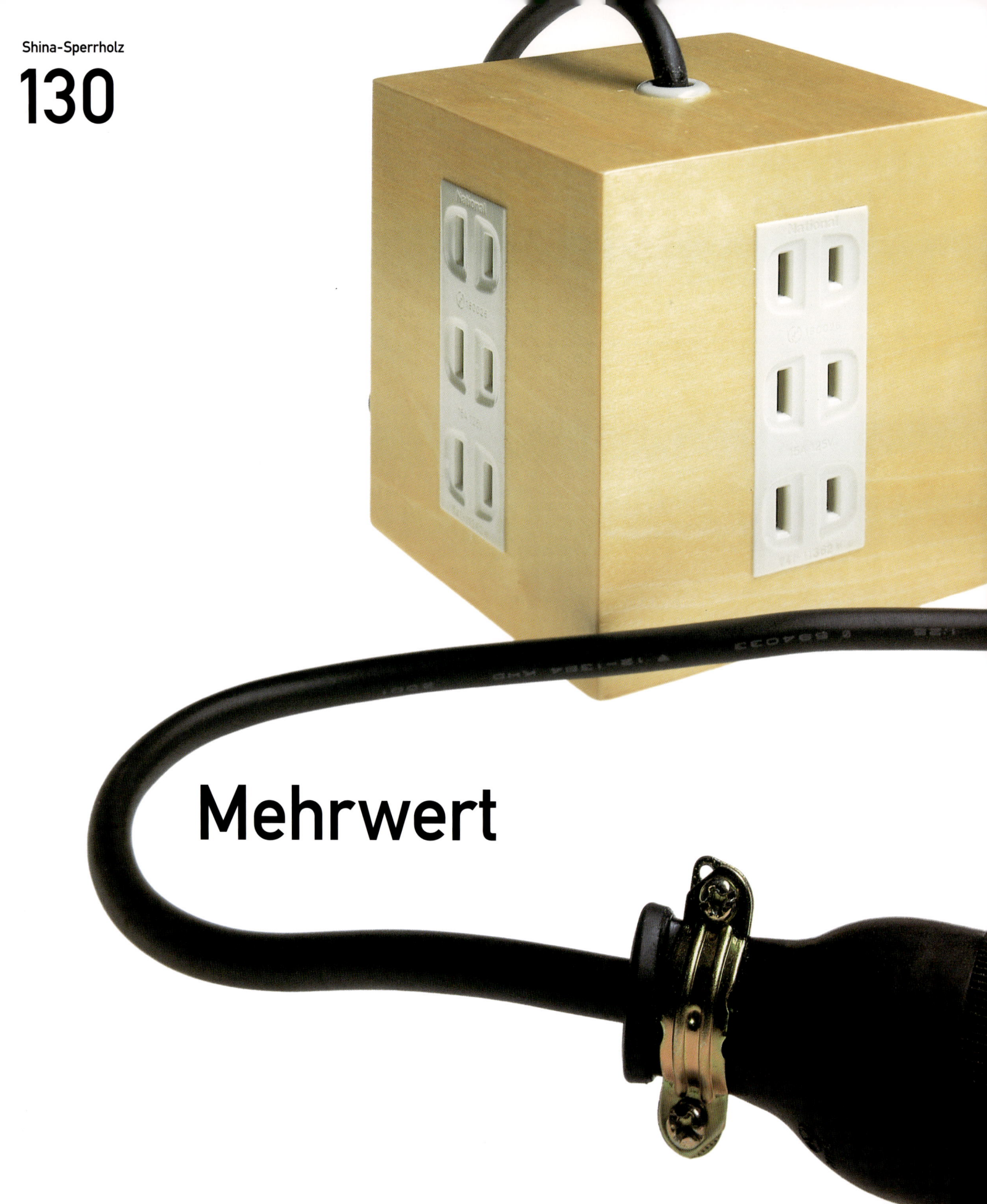

Mehrwert

Steckdosen sind keine schönen Gegenstände, sie erfüllen stattdessen eine Funktion. Wir ignorieren sie und lassen sie ihre Arbeit ungesehen und ungehört verrichten. Die Möglichkeit, nützliche Alltagsprodukte wie Stromstecker in Massen zu produzieren, führte dazu, daß wir diese praktischen Artikel mit nüchternem Desinteresse wahrnehmen.

Die abgebildete Konstruktion zieht jedoch den Blick auf sich. Der Designer entschied sich für Shina-Sperrholz (japanische Lindenart) und Handfertigung, um die beim Spritzgießen von Kunststoff anfallenden hohen Rüstkosten zu vermeiden.

Die Qualität der Verarbeitung und die natürliche, dekorative Holzoberfläche bilden einen deutlichen Kontrast und beleben ein vertrautes, langweiliges Produkt.
In Verbindung mit den besonderen Proportionen und Details verleihen diese Eigenschaften der Mehrfachsteckdose einen ästhetischen Wert, holen sie aus ihrem Versteck unter dem Sofa hervor und machen sie zu einem neuen, stolzen Haushaltsutensil.

Mehrfachsteckdose Concents
Design: Koichi Futatsumata
Herstellung: Case Real
1998

Abmessungen	10 x 10 x 10 cm
Werkstoffeigenschaften	Feine, blasse Maserung
	Leicht schnitzbar
	Als Sperrholz gute Stabilität
	Gut lackierbar
Vorkommen	Hauptsächlich in Nordjapan angebaut und produziert
Weitere Informationen	www.imcclains.com
Anwendungsbereiche	Schnitzen von Holzklötzen; Formenbau;
	Schneidbretter für Lederarbeiten

siehe auch: Serienfertigung 021, 025, 047, 086, 116, 123, 128; Sperrholz 054, 056, 060, 062–064, 070, 100, 118, 123

In der folgenden Tabelle sind die Angaben aufgeführt, die für die Auswahl und Nutzung von Holz als Richtlinie verwendet werden können. Die Informationen sind nicht als definitv zu interpretieren, beschreiben aber im Detail die Eigenschaften der am häufigsten gebrauchten Hölzer. Es empfiehlt sich, für die zahlreichen Anwendungen die Baumarten anhand der unterschiedlichen Merkmale auszuwählen, damit sie den jeweiligen Anforderungen entsprechen und richtig genutzt werden.

Die Bäume sind wegen ihrer verschiedenen natürlichen Eigenschaften für bestimmte Einsatzzwecke besonders prädestiniert. Einige Arten sind sehr hart und fest, andere wiederum besitzen eine feine Maserung und lassen sich extrem präzise bearbeiten. Manche sind bei widrigsten Bedingungen sehr dauerhaft, während andere im Gegensatz dazu mit Schutzmitteln behandelt werden müssen, damit sie im Außenbereich genutzt werden können. Einige Holzarten sehen dekorativ aus, andere schlicht. Die ersteren müssen unter Umständen in einer speziellen Weise geschnitten werden, um ihr attraktives Erscheinungsbild zur Geltung zu bringen. Manche Arten können in großen Mengen als Langhölzer, breite Bretter und / oder Furniere geliefert werden, andere sind dagegen schwieriger erhältlich und deshalb eventuell teurer.

Die in der Tabelle aufgelisteten Hölzer variieren in ihrer Farbe von blaßbeige bis dunkelbraun – man sollte jedoch berücksichtigen, daß es sich um einen Naturwerkstoff handelt und folglich Schwankungen auftreten können. Dürfen keine nennenswerten farblichen Abweichungen auftreten, sind einige Arten im Vergleich zu anderen besser geeignet. In diesem Fall sollte man sich vom Holzlieferanten entsprechend beraten lassen.

Auswahlkriterien für Holz

Harthölzer und Weichhölzer Diese Begriffe sind historisch bedingt und dienen als allgemeine Einteilung, bei der allerdings viele Ausnahmen auftreten. Die Bezeichnung „Hartholz" gilt für Holz von Laubbäumen, die ihre Blätter abwerfen oder immergrün sind; „Weichholz" stammt von zapfentragenden Nadelbäumen. Harthölzer sind nicht zwangsläufig härter (d.h. dichter) als Weichhölzer; z.B. besitzt die Douglasie (ein Weichholz) die gleiche Dichte wie Afrikanisches Mahagoni (ein Hartholz), und viele andere Hartholzarten sind sogar leichter.

In der Praxis gibt es kaum Anwendungen für den Endverbraucher, für die sich Weichhölzer nicht eignen. Sie erreichen allerdings nicht die Attraktivität der dekorativen Harthölzer und – bei speziellen Anwendungen – nicht die Härte und Festigkeit der schwersten Harthölzer.

Gemäßigte und tropische Zonen Die meisten Weichhölzer kommen aus gemäßigten Klimagebieten der Erde, z.B. aus Großbritannien, Skandinavien, Rußland und Nordamerika. Je tiefer die Temperaturen im Winter sind, desto langsamer wachsen die Bäume normalerweise und desto besser ist die Holzqualität. Fast alle Weichhölzer werden mittlerweile in wiederbepflanzten und bewirtschafteten Wäldern gefällt. Nadelbäume benötigen in der Regel 60 bis 80 Jahre, um nutzbares Holz zu produzieren. Dieser Zeitraum gilt meist als typischer Erntezyklus.

Die meisten Harthölzer aus gemäßigten Zonen sind attraktiv und für zahlreiche Zwecke geeignet, obwohl viele nicht dauerhaft sind und deshalb nicht im Außenbereich gebraucht werden können, sofern sie nicht mit Schutzmitteln behandelt werden.

Ein Großteil der dauerhaften Hartholzarten stammt aus Afrika, Mittel- und Südamerika sowie dem Fernen Osten. Der Export von Holz ist für die betreffenden Länder sehr wichtig und hat die meisten dazu bewegt, eine nachhaltige Bewirtschaftung ihrer natürlichen Ressourcen in die Wege zu leiten und zu realisieren. Dadurch wird wahrscheinlich die Ausfuhr einiger Arten gesteigert, die bisher weniger bekannt sind und als Alternative zu den häufiger gekauften Hölzern genutzt werden können.

Ein kleiner Teil der tropischen Baumarten ist im Übereinkommen über den internationalen Handel mit gefährdeten Arten freilebender Tiere und Pflanzen (CITES – Convention on International Trade in Endangered Species) verzeichnet, das zwei Haupteinstufungen vorsieht: Anhang 1, der den Handel mit den betreffenden Arten untersagt, und Anhang 2, der Arten auflistet, die bedroht sind, wenn der Handel nicht geregelt und kontrolliert wird. Der Handel mit den Arten von Anhang 2 erfordert Ausfuhrgenehmigungen, die von einer Behörde des Herkunftslands ausgestellt werden sowie eine Einfuhrerlaubnis im Land des Empfängers. Die Tabellen dieses Buchs enthalten keine Arten von Anhang 1. Bei Arten von Anhang 2 ist die CITES-Auflistung in der Spalte „Anmerkungen" aufgeführt.

Schutzmittelbehandlung Die natürliche Dauerhaftigkeit von Holz weist je nach Baumart große Unterschiede auf. Die meisten gebräuchlichen Hölzer sind nur mäßig dauerhaft, wenn sie im Freien eingesetzt werden. Die natürliche Dauerhaftigkeit wird durch Kesseldruckimprägnierung verbessert, damit diese Hölzer den Witterungseinflüssen ausgesetzt werden können. Dabei lassen sich einige Arten wegen des Zellaufbaus ihres Holzes leichter behandeln als andere.

Es gibt drei Behandlungsarten für den Holzschutz:

1. Die wasserbasierende CCA-Imprägnierung (mit Kupfer, Chrom und Arsen) eignet sich ideal für Bauholz, Verkleidungen, Zäune und ähnliche Konstruktionen im Außenbereich. Das Holz wird in einem Drucktank mit CCA durchtränkt.

2. Im Tischlerhandwerk werden bevorzugt organische Lösungsmittel gebraucht, da bei wasserlöslichen Chemikalien der Feuchtigkeitsgehalt steigen würde, was ein Verziehen genau geschnittener Profile und ein Aufrauhen des Oberflächenanstrichs nach sich ziehen könnte. Die Hölzer werden nach Länge und Profil zugeschnitten und dann im Vakuum imprägniert. Dies ist bei organischen Lösungsmitteln das

beste Verfahren, während bei manchen Holzarten und für manche Endanwendungen auch das Eintauchen eine brauchbare Lösung darstellt. Das manuelle Streichen eignet sich nur zum nachträglichen Auftragen auf vorbehandeltem Holz nach dem Bohren oder Schneiden.

3. Beim wasserbasierenden Bordiffusionsverfahren wird das noch ungetrocknete Holz über seinen gesamten Querschnitt mit Bor imprägniert; es kann dann ohne weitere Behandlung bearbeitet, zugeschnitten oder geformt werden. Das Bor wird durch Besprühen oder Eintauchen des waldfrischen (feuchten) Holzes aufgebracht und verteilt sich je nach Holzdicke innerhalb einiger Tage oder Wochen im eng geschichteten Holz. Nach vollständiger Diffusion des Bors wird das Holz ganz normal an der Luft oder im Ofen getrocknet. Die Behandlung mit Bor wird seltener als die anderen Verfahren angeboten, weil sie nur bei waldfrischem Holz durchgeführt werden kann. Hölzer haben nach der CCA-Behandlung meist eine hellgraue bis hellgrüne Farbe, während die Verfahren mit organischen Lösungsmitteln oder Bor im allgemeinen keine Farbänderungen hervorrufen. Holz, das für Wand- oder Deckenverkleidungen verwendet werden soll, kann auch mit Chemikalien behandelt werden, die die Feuerbeständigkeit der ganzen Oberfläche verbessern.

Feuchtigkeitsgehalt

Beim Kauf von Hölzern ist darauf zu achten, daß der Feuchtigkeitsgehalt zur Anwendung beim Endverbraucher paßt, damit nach der Anbringung keine Probleme durch Quellung oder Schwindung entstehen. Da sich der Feuchtigkeitsgehalt im Holz letzten Endes dem der Umgebung anpaßt, „arbeitet" es proportional zu Schwankungen der Luftfeuchte. Normalerweise lassen sich diesbezügliche Schwierigkeiten vermeiden, wenn man die Anfangsfeuchtigkeit und die Auslegung der Konstruktion vor der Montage von Hölzern richtig wählt.

Holz sollte für den Außenausbau eine anfängliche Feuchtigkeit von 13–19% und für den Innenausbau eine von 8–14% aufweisen.

Maßhaltigkeit

Alle Hölzer quellen und schwinden weniger über die Radialfläche (Viertelschnitt) als über die Tangentialfläche (Brettschnitt oder Fladerschnitt). Dieser Unterschied ist bei maßhaltigem Holz eher gering, bei stärker arbeitenden Hölzern dagegen ziemlich hoch. Dieses Verhältnis beträgt bei den am häufigsten genutzten Hölzern im Durchschnitt 1:2. Obwohl diese Differenzen von Bedeutung sein können (beispielsweise neigt ein radial geschnittenes Brett weniger zur Querkrümmung als ein ähnlich großes tangential geschnittenes), wirken sie sich kaum aus, wenn die Anfangsfeuchtigkeit stimmt und beibehalten wird, bis die Bauarbeiten zu Ende sind und das Gebäude benutzt wird. Falls breite, flache Oberflächen gewünscht werden, eignen sich an ihren Kanten verleimte, etwa 100 mm dicke Holzteile zum Aufbau der breiten Fläche, weil diese dadurch eine bessere Maßhaltigkeit besitzt.

Radiales und tangentiales Schneiden wirkt sich auch auf das Erscheinungsbild des Holzes aus. Beim Radialschnitt ist die Schnittfläche meist gleichmäßig und der Faserverlauf parallel, während beim Tangentialschnitt die Maserung deutlich hervortritt und bei einigen Arten sehr dekorativ wirken kann.

Lieferbarkeit

Bei langen Langhölzern (ab 3,5 m bei den meisten Arten) oder breiten Brettern (ab 150 mm) muß man berücksichtigen, daß die Größe des lieferbaren Holzes unweigerlich von der Größe des Baums abhängt, von dem es gewonnen wird. Ungewöhnlich lange oder breite Holzstücke sind möglicherweise schwer zu bekommen und können unverhältnismäßig teuer sein. Mit laminierten Brettern und Furnieren könnte man dieses Problem umgehen und zudem ein stabileres Endprodukt erhalten. Die Lieferbarkeit astfreien Weichholzes steht in direktem Verhältnis zur Größe des Baums. Da europäisches Rot- und Weißholz meist von mäßig großen Bäumen stammt, ist astfreies Holz (keine Knoten) in gewerblichen Mengen schwierig zu beschaffen. Hölzer von Douglasien, Hemlocktannen und Sumpfkiefern stammen oft von größeren Bäumen mit breiteren Sägeblöcken,

aus denen sich mehr astfreies Holz gewinnen läßt. Markt-
bedingungen, Wechselkurse, Lieferbarkeit und gewünschte
Qualität beeinflussen die Preise der Hölzer. Während der
Fertigung von Einzelteilen fällt bei einigen Baumarten
mehr Verschnittholz an als bei anderen, besonders, wenn
Farbe und Maserung genau passen sollen. Da sich dadurch
die Kosten für das Endprodukt erhöhen, sollte man stattdessen eine andere – eventuell teurere – Holzart auswählen,
um den Holzabfall zu reduzieren.

Oberflächenanstriche   Alle Oberflächenanstriche dienen hauptsächlich dazu, die
Oberfläche des Holzes gegen Feuchtigkeit zu versiegeln,
die Reinigung zu erleichtern und die Oberflächenfarbe und
-textur zu erzielen, die für das Endprodukt angestrebt wird.
Für Holzgegenstände in Gebäuden gibt es in dieser Hinsicht
viele Optionen, z.B. Öl, Wachs, farblose Firnisse, dekorative
transparente Beizen sowie Farbbeizen und -lacke. Im
Freien sind normalerweise Anstriche erforderlich, die die
langfristige Dauerhaftigkeit und Beständigkeit gegen UV-
Strahlen, Wasser und Temperaturschwankungen unterstützen. Farblose Anstriche wie beispielsweise Firnis sind für
Außenanwendungen nicht geeignet, da sie stark verwittern
und oft gepflegt werden müßten, um ihre optischen und
schützenden Eigenschaften zu erhalten.
Anstriche können die Farbe des Holzes verändern. Manche
Holzarten eignen sich besonders gut für Lacke und Beizen,
während bei anderen spezielle Anforderungen zu berücksichtigen sind. Diese Kriterien sind in der Spalte „Anwendungen" der folgenden Tabelle aufgeführt.

Technische Informationen

Hinweise	Die Tabelle auf S. 138–148 enthält Informationen über Holzarten, die häufiger gekauft werden bzw. seit einigen Jahren in größerem Umfang lieferbar sind. Sie sollte nicht als endgültig aufgefaßt werden, da die Lieferbarkeit von vielen Faktoren abhängig ist.
Dauerhaftigkeit	Die Klassifizierung der Dauerhaftigkeit richtet sich nach den wissenschaftlichen Erkenntnissen des Building Research Establishment (BRE; Institut für Bauwesen und Brandschutz; Großbritannien), bei denen Stäbe in den Boden eingegraben wurden und ständig mit dem Erdreich in Berührung standen, also widrigen Bedingungen ausgesetzt waren. Bei günstigeren Bedingungen gelten die gleichen Dauerhaftigkeitsklassen, obwohl die Standdauer länger ist. (Diese Dauerhaftigkeitsbezeichnungen entsprechen allerdings nicht den in Deutschland und anderen EU-Ländern üblichen, in denen die Norm DIN EN 350-2 maßgeblich ist.) Die Einteilung sieht folgendermaßen aus:

Dauerhaftigkeitsklasse	Mittlere Standdauer von Stäben (50 x 50 mm) bei Erdkontakt
Schnell zersetzend	unter 5 Jahren
Nicht dauerhaft	5–10 Jahre
Mäßig dauerhaft	10–15 Jahre
Dauerhaft	15–25 Jahre
Sehr dauerhaft	über 25 Jahre

Bei der Auswahl des Holzes sollte man seinen Verwendungszweck berücksichtigen. Unter Umständen kann eine als nicht dauerhaft eingestufte Art sogar im Freien und ohne Behandlung gute Ergebnisse liefern. Die Dauerhaftigkeitsklasse gilt nur für Kernholz; Splintholz aller Baumarten sollte immer als nicht dauerhaft oder leicht zersetzend angesehen werden.

Behandelbarkeit	Die natürliche Dauerhaftigkeit kann mit geeigneten Schutzmittelbehandlungen verbessert werden, wobei sich einige Arten leichter behandeln lassen als andere. Als „mittelmäßig" behandelbar eingestufte Hölzer benötigen manchmal längere Imprägnierungszyklen, und normalerweise dringt die Flüssigkeit von der Seite aus höchstens 3 bis 6 mm ein. Hölzer, die als „schlecht" behandelbar gelten, nehmen nur einen Bruchteil des seitlich kaum eindringenden Schutzmittels auf.
Rohdichte	Die Angaben zur Rohdichte von Holz beziehen sich auf einen Feuchtigkeitsgehalt von ca. 15%. Anhand der Rohdichte einer Baumart kann man ungefähr auf die Festigkeit und Beständigkeit gegen Abrieb und Schlag schließen.

Quellen/Schwinden	Bezieht sich auf Maßänderungen, die sich aus atmosphärischen Schwankungen ergeben, nachdem das Holz auf den Feuchtigkeitsgehalt heruntergetrocknet wurde, der für die Endanwendung vorgesehen war.
	Das Quellen und Schwinden ist für die meisten Zwecke von geringer Bedeutung. Für große Holzstücke und -flächen an Orten mit häufigen Schwankungen der Luftfeuchtigkeit empfehlen sich Baumarten, die nur wenig quellen oder schwinden.
Bearbeitbarkeit	Hier geht es darum, wie leicht das Holz bearbeitet werden kann. Als „schwierig" eingestuftes Holz muß mit größerer Sorgfalt bearbeitet werden, besonders dann, wenn sehr genaue Profile und hochwertige Oberflächen erforderlich sind.
Maserung	Bei einigen Hölzern ist die Maserung feiner oder gröber als bei anderen. Aus Hölzern mit feiner Textur können leichter feine Holzformen oder Schnitzereien hergestellt werden, wohingegen bei grobem Faserverlauf mitunter zusätzliche Arbeiten notwendig sind, um sehr glatte Oberflächen zu erzeugen. Als „grob" eingestufte Hölzer müssen eventuell sehr gründlich benetzt werden, wenn Grundanstriche für Beizen aufzutragen sind. Dies erreicht man am besten meist durch Eintauchen oder Fließlackieren der Oberflächen.
Lieferbarkeit	Die Lieferbarkeit basiert auf den besten verfügbaren Informationen zum Zeitpunkt der Veröffentlichung dieses Buchs. Als „langes Langholz" gelten über 3,5 m lange Teile, als „breite Bretter" über 150 mm breite Teile.
	Die Einteilung der Hölzer sowie die technischen Informationen werden mit freundlicher Genehmigung der British Woodworking Federation (Britischer Verband der holzverarbeitenden Industrie) abgedruckt.

HANDELSNAME Andere Namen Botanischer Name Vorkommen	Dauerhaftigkeit Behandelbarkeit	Rohdichte kg/m^3 Quellen und Schwinden	Bearbeitbarkeit Maserung	Lieferbarkeit (langes Langholz) (breite Bretter) (Furniere)	Anwendungen	Anmerkungen
LIBANONZEDER **Echte Zeder** **Cedrus libani** **Europa**	dauerhaft nicht zutr.	580 durchschnittl./ gering	**gut** durchschnittl.	begrenzt (F)	**Innenausbau**	**Dekoratives Holz mit hohem Verschnittfaktor wegen zahlreicher Astknoten; starker Zederngeruch; nimmt Beize und Firnis gut an, muß vor dem Beschichten aber entfettet werden.**
DOUGLASIE **Douglastanne, Oregon Pine** **Pseudotsuga menziesii** **Nordamerika, Europa**	mäßig dauerhaft mittelmäßig	530 gering	**gut** **gut**	gut (LL) (BB) (F)	**Bauholz** **Außenausbau** **Innenausbau** **Möbel** **Einbauteile**	**Astfreie Sorten lieferbar; tangential geschnittenes Holz hat attraktive Maserung; wegen des Harzgehaltes sind Anstriche sorgfältig aufzutragen; feuchter Kontakt mit Eisen sollte vermieden werden.**
WALDKIEFER **Föhre, Rotholz, Forche** **Pinus sylvestris** **Skandinavien, Rußland, Großbritannien**	nicht dauerhaft gut	510 durchschnittl.	**gut** durchschnittl.	gut (LL)	**Bauholz** **Außenausbau** **Innenausbau** **Möbel**	**Allzweckholz für Gebäude und Tischlereien; astfreie Sorten kaum in gewerblichen Mengen lieferbar.**
WEISSHOLZ (EUROPÄISCHES) **Fichten und Tannen** **Picea spp., Abies spp.** **Skandinavien, Rußland, Großbritannien**	nicht dauerhaft mittelmäßig	470 durchschnittl.	**gut** durchschnittl.	gut	**Bauholz** **Außenausbau** **Innenausbau** **Treppen**	**Allzweckholz mit meist mehr (aber kleineren) Knoten als Fichte; komplexere Holzprofile schwer in gute Oberflächen einzuarbeiten.**
WESTLICHE HEMLOCKTANNE **Westliche Schierlingstanne** **Tsuga heterophylla** **Nordamerika**	nicht dauerhaft mittelmäßig	500 gering	**gut** durchschnittl.	gut (LL)	**Bauholz** **Außenausbau** **Innenausbau** **Möbel**	**Astfreie Sorten lieferbar; erhältliches geradfaseriges Holz gut für Höhenfriese und Türlaufschienen; glatt lackieren schwierig.**

HANDELSNAME Andere Namen Botanischer Name Vorkommen	Dauerhaftigkeit Behandelbarkeit	Rohdichte kg/m³ Quellen und Schwinden	Bearbeitbarkeit Maserung	Lieferbarkeit (langes Langholz) (breite Bretter) (Furniere)	Anwendungen	Anmerkungen
SCHMALBLÄTTRIGE SCHMUCK-TANNE **Araucaria angustifolia** **Südamerika**	nicht dauerh. / leicht zersetzend schlecht	550 durchschnittl.	gut fein	begrenzt (LL) (BB) (F)	Innenausbau Treppen	Immer schwieriger zu beschaffen; mit farblosen Anstrichen attraktiv; verzieht sich z.T. bei schwankendem Feuchtigkeitsgehalt; eins der wenigen Hölzer, die in der Länge schwinden.
SUMPFKIEFER **Pitchpine, Parkettkiefer** **Pinus palustris** **Nordamerika**	mäßig dauerhaft mittelmäßig	590 durchschnittl.	gut gut	gut (LL) (BB) (F)	Bauholz Außenausbau Innenausbau Bodenbeläge	Astfreie Sorten lieferbar; Sumpfkiefern dienten traditionell für Schiffe, Masten und Kirchenbänke sowie als Bauholz; mit farblosen Anstrichen attraktiv; vor Beschichtung u.U. Entfetten erforderlich.
FICHTE **Picea spp.** **Nordamerika, Großbritannien**	nicht dauerhaft mittelmäßig	450 gering	gut grob	gut	Bauholz	Allzweckbauholz; meist zur Herstellung von Balkenwerken und Paletten.
ROTZEDER **Riesenlebensbaum** **Thuja plicata** **Nordamerika**	dauerhaft nicht zutr.	390 gering	gut grob	gut	Außenausbau Innenausbau Außenverkleid.	Weich, für allgemeine Tischlerarbeiten; nimmt attraktive graue Farbe an, wenn es unbehandelt unter Witterungseinfluß steht; Befestigungen aus Eisen verursachen Flecken; Kupfer-, Bronze- oder verzinkte Befestigungen zu empfehlen.
WEYMOUTHSKIEFER **Strobe, Eastern White Pine** **Pinus strobus** **Nordamerika**	nicht dauerhaft mittelmäßig	420 gering	gut fein	gut	Außenausbau Innenausbau Möbel Modellbau	Leichter und weicher als andere Kiefern, aber sehr geringe Schwindung im Vergleich zu anderen nordamerikanischen Weichhölzern; für Innenausbau geeignet; auch für Schnitzereien und Musikinstrumente nutzbar.

HANDELSNAME Andere Namen Botanischer Name Vorkommen	Dauerhaftigkeit Behandelbarkeit	Rohdichte kg/m³ Quellen und Schwinden	Bearbeitbarkeit Maserung	Lieferbarkeit (langes Langholz) (breite Bretter) (Furniere)	Anwendungen	Anmerkungen
EIBE **Taxus baccata** Europa	dauerhaft nicht zutr.	670 gering	schwierig durchschnittl.	sehr begrenzt (F)	Möbel Innenausbau	Attraktives Holz; generell nur begrenzte Mengen und kleine Formate lieferbar; Furniere dekorativ; sehr „hartes" Weichholz; hoher Verschnittfaktor.
AFRORMOSIA **Kokrodua, Assamela** **Pericopsis elata** Afrika	sehr dauerhaft nicht zutr.	710 gering	durchschnittl. fein	begrenzt (LL) (BB) (F)	Außenausbau Innenausbau Möbel Einbauteile Bodenbeläge	Lieferbarkeit wird derzeit eingegrenzt; Farbe dunkelt bei Lichteinfall nach; saures Holz: korrodiert bei Feuchtigkeit Eisenmetalle, die Verfärbungen verursachen; vor Beschichtung u.U. Entfetten notwendig.
AFZELIA **Doussié** **Afzelia spp.** Westafrika	sehr dauerhaft nicht zutr.	830 gering	durchschnittl. grob	begrenzt (LL) (BB) (F)	Außenausbau Innenausbau Bodenbeläge	Attraktives Holz; sehr hart und schwer zu beschädigen; nimmt farblose Anstriche gut an und läßt sich gut polieren.
AGBA **Gossweilerodendron balsamiferum** Westafrika	sehr dauerhaft nicht zutr.	510 gering	gut durchschnittl. / fein	durchschnittl. (LL) (BB)	Außenausbau Innenausbau Möbel Einbauteile	Ähnlich wie Framiré; gut zum Formen geeignet; nimmt Beize gut an; vor Beschichtung u.U. Entfetten notwendig.
TULPENBAUM **Tuliptree, Tulipwood** **Liriodendron tulipifera** Nordamerika	nicht dauerhaft schlecht	510 durchschnittl.	durchschnittl. fein	gut (LL) (BB) (F)	Bauholz Innenausbau Holzformen	Allgemein gutes Nutzholz für Innenausbau; gutes Substrat für hochwertige Lacke; neigt zu Verfärbungen; muß trocken gehalten werden.

HANDELSNAME Andere Namen Botanischer Name Vorkommen	Dauerhaftigkeit Behandelbarkeit	Rohdichte kg/m³ Quellen und Schwinden	Bearbeitbarkeit Maserung	Lieferbarkeit (langes Langholz) (breite Bretter) (Furniere)	Anwendungen	Anmerkungen
(AMERIKANISCHE) WEISSESCHE Fraxinus americana Esche Fraxinus spp. Nordamerika	leicht zersetzend mittelmäßig	560 durchschnittl.	gut gut	gut (LL) (BB) (F)	Innenausbau Möbel Einbauteile	Dekoratives Holz; Rohdichte variiert je nach Art; als weniger dichtes Holz gut für Möbel und Anstriche geeignet.
GEMEINE ESCHE Europäische Esche Fraxinus excelsior Europa	leicht zersetzend schlecht	710 durchschnittl.	gut durchschnittl. / grob	gut (F)	Innenausbau Möbel Einbauteile	Generell bessere Maserung als bei amerikanischer Esche; dekorative dunkle Adern im Kernholz; gut biegbar.
ROTBUCHE Fagus sylvatica Europa	leicht zersetzend mittelmäßig	720 stark	gut fein / durchschnittl.	gut (LL) (BB) (F)	Innenausbau Möbel Einbauteile Bodenbeläge	Schlichtes, blaßbraunes Holz; gut biegbar und verschleißfest.
ROTBUCHE (gedämpft) Fagus sylvatica Europa	leicht zersetzend mittelmäßig	720 stark	gut fein / durchschnittl.	gut (LL) (F)	Innenausbau Möbel Einbauteile	Dampfbehandelt während des Trocknungsverfahrens; gleichmäßiges, rosafarbenes Holz; gut biegbar und verschleißfest.

HANDELSNAME Andere Namen Botanischer Name Vorkommen	Dauerhaftigkeit Behandelbarkeit	Rohdichte kg/m³ Quellen und Schwinden	Bearbeitbarkeit Maserung	Lieferbarkeit (langes Langholz) (breite Bretter) (Furniere)	Anwendungen	Anmerkungen
BUBINGA Kevazingo, Ebana, Essingang Guibourtia spp. Westafrika	mäßig dauerhaft nicht zutr.	880 –	– fein	begrenzt (F)	als Furnier	Dekoratives Furnier; bei Schnitt mit Rundschälmaschinen anderes Erscheinungsbild; Furnier als „Kevazingo" bezeichnet.
CEDRO Cedrela spp. Mittel- und Südamerika	dauerhaft nicht zutr.	470 gering	gut durchschnittl.	gut (LL) (BB) (F)	Außenausbau Innenausbau Möbel Einbauteile	Sieht ähnlich wie Mahagoni aus und kann als Ersatz verwendet werden; gut polierbar und färbbar, um es anderen Hölzern anzu-passen.
SPÄTE TRAUBENKIRSCHE Black Cherry Prunus serotina Nordamerika	mäßig dauerhaft durchschnittl.	580 fein	gut	gut (LL) (BB) (F)	Außenausbau Möbel Einbauteile	Attraktives Holz; hoher Verschnitt faktor wegen Splintholz; dunkelt ohne UV-Schutzbeschichtung schnell nach.
SÜSSKIRSCHE, WILDKIRSCHE Prunus avium Europa	mäßig dauerhaft durchschnittl.	630 fein	gut	begrenzt (F)	Möbel Einbauteile	Attraktives Möbelholz; nur in kleinen Formaten lieferbar; mehr Farbkontrast als beim amerikanischen Kirschbaum; vor Beschichtung u.U. Entfetten erforderlich.
EDELKASTANIE Eßkastanie, Marone Castanea sativa Europa	dauerhaft nicht zutr.	560 stark	gut durchschnittl.	begrenzt (F)	Möbel Außenausbau Innenausbau	Saures Holz; korrodiert eisenhaltige Befestigungselemente, die Verfärbungen verursachen; attraktiv; möglicher Ersatz für Eiche, aber ohne Flammenzeichnung.

HANDELSNAME Andere Namen Botanischer Name Vorkommen	Dauerhaftigkeit Behandelbarkeit	Rohdichte kg/m³ Quellen und Schwinden	Bearbeitbarkeit Maserung	Lieferbarkeit (langes Langholz) (breite Bretter) (Furniere)	Anwendungen	Anmerkungen
ROTULME Ulmus rubra Nordamerika	nicht dauerh. schlecht	670 durchschnittl.	durchschnittl. durchschnittl.	begrenzt (F)	**Innenausbau** **Möbel** **Einbauteile**	**Attraktives Holz, weniger grob-faserig und leichter lackierbar als europäische Ulme; nur in kleinen Formaten lieferbar.**
ULME Ulmus spp. Europa	nicht dauerh. schlecht	580 durchschnittl.	gut grob	begrenzt	**Möbel**	**Holz aus Großbritannien wegen des Ulmensterbens nur schwer zu bekommen; u.U. schwer lackierbar.**
GREENHEART Ocotea rodiaei Guyana	sehr nicht zutr.	1040 durchschnittl.	schwierig grob	variabel (LL) (BB)	**schweres** **Bauholz** **Brücken** **Bauten für** **Seeschutz**	**Sehr große Formate lieferbar; nicht schwimmfähig; Sorgfalt bei der Bearbeitung erforderlich: Splitter sind giftig; verladetrocken nur als Bauholz lieferbar.**
DANIELLIA Ogea, Oziya, Faro Daniellia ogea Westafrika	leicht zersetzend schlecht	420 bis 580 gering	schwierig grob	variabel	**Innenausbau** **Möbel** **Einbauteile**	**Dekoratives Holz; genutzt als Ersatz für Rosenholz bei Vollholzteilen; generell nur in kleinen Formaten lieferbar.**
FRAMIRÉ Idigbo, Emeri Terminalia ivorensis Westafrika	dauerhaft nicht zutr.	560 variabel gering	durchschnittl. durchschnittl.	variabel	**Außenausbau** **Innenausbau**	**Sieht ähnlich wie Agba aus; nimmt Beize gut an; korrodiert eisenhaltige Befestigungselemente; paßt zu Eichenfurnier und ist daher bei Vollholzteilen ökonomisch.**

HANDELSNAME Andere Namen Botanischer Name Vorkommen	Dauerhaftigkeit Behandelbarkeit	Rohdichte kg/m³ Quellen und Schwinden	Bearbeitbarkeit Maserung	Lieferbarkeit (langes Langholz) (breite Bretter) (Furniere)	Anwendungen	Anmerkungen
IROKO Kambala, Mvule Chlorophora excelsa Westafrika	sehr dauerhaft nicht zutr.	660 gering	durchschnittl. durchschnittl.	durchschnittl. (LL) (BB) (F)	Bauholz Außenausbau Innenausbau Möbel	Sehr fest und dauerhaft; kann Calciumcarbonat-Ablagerungen („Stein") enthalten; chemikalien-beständig, daher für Labortische verwendet; vor Beschichtung u.U. Entfetten notwendig.
JELUTONG Dyera costulata Südostasien	nicht dauerhaft gut	470 gering	gut fein	durchschnittl.	Holzformen Formenbau	Zu weich für allgemeine Tischler-arbeiten; sehr stabil; gut für kleine, präzise Formen geeignet.
FLÜGELFRUCHTBAUM Keruing, Yang, Gurjun Dipterocarpus spp. Südostasien	mäßig dauerhaft schlecht	740 variabel stark/ durchschnittl.	durchschnittl. grob	durchschnittl. (LL)	schweres Bauholz Sohlenholz / Schwellen	Ausschwitzen von Harz beim Lackieren u.U. problematisch; Schutzmittelbehandlung für Außen-Bauholz empfohlen; Rohdichte vari-iert je nach Art; verladetrocken nur als Bauholz lieferbar; vor Beschich-tung u.U. Entfetten erforderlich.
LINDE Tilia spp.	leicht zersetzend durchschnittl.	560	gut fein	sehr begrenzt	Schnitzholz Drechslerholz	Lebensmittelecht; traditionell für Hackklötze von Schlachtern ver-wendet; feinfaseriges Holz; gut schnitzbar.

HANDELSNAME Andere Namen Botanischer Name Vorkommen	Dauerhaftigkeit Behandelbarkeit	Rohdichte kg/m³ Quellen und Schwinden	Bearbeitbarkeit Maserung	Lieferbarkeit (langes Langholz) (breite Bretter) (Furniere)	Anwendungen	Anmerkungen
AFRIKANISCHES MAHAGONI Khaya spp. Westafrika	mäßig dauerhaft schlecht	530 gering	durchschnittl. durchschnittl.	durchschnittl. (LL) (BB) (F)	Außenausbau Innenausbau Möbel	In längeren und breiteren Formaten lieferbar als die meisten anderen Holzarten; sehr stabil; oft zur Fertigung von Tischen oder Werkbankplatten verwendet.
AMERIKANISCHES MAHAGONI Swietenia macrophylla Mittel- und Südamerika	dauerhaft nicht zutr.	560 variabel gering	gut gut	durchschnittl. (LL) (BB) (F)	Außenausbau Innenausbau Möbel	Brasilianisches Mahagoni ist normalerweise leichter zu feinen Profilen zu verarbeiten als andere amerikanische Mahagonihölzer, die härter und dunkler sind.
ZUCKERAHORN Vogelaugenahorn Acer saccharum Nordamerika	nicht dauerhaft schlecht	655 durchschnittl.	durchschnittl. fein	durchschnittl. (LL) (BB) (F)	Möbel Bodenbeläge Drechslerholz	Attraktives Holz; sehr abriebfest; schwierig zu beizen; leicht polierbar.
ROTAHORN Acer rubrum **SILBERAHORN** A. saccharinum Nordamerika	nicht dauerhaft schlecht	550 durchschnittl.	durchschnittl. fein	begrenzt (F)	Innenausbau Möbel Drechslerholz	Dem Zuckerahorn sehr ähnlich, aber mit weniger dichtem Faserverlauf.

HANDELSNAME Andere Namen Botanischer Name Vorkommen	Dauerhaftigkeit Behandelbarkeit	Rohdichte kg/m³ Quellen und Schwinden	Bearbeitbarkeit Maserung	Lieferbarkeit (langes Langholz) (breite Bretter) (Furniere)	Anwendungen	Anmerkungen
ROTES MERANTI Shorea spp. Südostasien	mäßig / nicht dauerhaft mittelmäßig	710 gering	durchschnittl. durchschnittl.	gut (LL) (BB) (F)	Außenausbau Innenausbau Möbel Einbauteile	Oft unkorrekt als philippinisches Mahagoni bezeichnet; ist eine eigene Art mit anderen Eigenschaften.
ROTEICHE Quercus rubra Nordamerika	nicht dauerhaft schlecht	790 durchschnittl.	durchschnittl. durchschnittl.	gut (LL) (BB) (F)	Innenausbau Möbel Einbauteile	Grobporigere Maserung als bei der Weißeiche; Farbe kann zwischen rosa und rotbraun variieren, ist aber rötlicher als bei anderen Eichenarten.
AMERIKANISCHE WEISSEICHE Quercus Nordamerika	dauerhaft nicht zutr.	770 durchschnittl.	gut gut	gut (LL) (BB) (F)	Außenausbau Innenausbau Möbel Einbauteile Bodenbeläge	Gutes, dekoratives, leicht lackierbares Holz; für Anwendungen im Freien beim Kauf auf richtigen Feuchtigkeitsgehalt achten: das importierte Holz ist meist zu trocken; vor Beschichtung u.U. Entfetten notwendig.
EICHE Quercus spp. Europa	dauerhaft nicht zutr.	720 durchschnittl.	gut gut	variabel (LL) (BB) (F)	Bauholz Außenausbau Innenausbau Möbel	Dekoratives Holz; hoher Verschnittfaktor; saures Holz: korrodiert Eisenmetalle, die Verfärbungen verursachen; Blei kann stark korrodieren, wenn es in Berührung mit Eichenholz kommt oder nahe daneben angebracht ist.
ABACHI Ayous, Obeche, Wawa, Samba Triplochiton scleroxylon Westafrika	nicht dauerhaft schlecht	390 gering	gut (F) durchschnittl.	begrenzt (F)	Möbel Holzformen	Weich, für allgemeine Tischlerarbeiten; sehr stabil; gut für kleine, präzise Holzformen geeignet.

HANDELSNAME Andere Namen Botanischer Name Vorkommen	Dauerhaftigkeit Behandelbarkeit	Rohdichte kg/m³ Quellen und Schwinden	Bearbeitbarkeit Maserung	Lieferbarkeit (langes Langholz) (breite Bretter) (Furniere)	Anwendungen	Anmerkungen
BILINGA Opepe, Badi Nauclea diderrichii Westafrika	sehr dauerhaft nicht zutr.	750 gering	durchschnittl. grob	variabel (LL) (BB) (F)	schweres Bauholz	Hartes, dauerhaftes Holz; meist für Seeschutzbauten verwendet; verladetrocken nur als Bauholz lieferbar.
PADOUK Padauk, Camwood, Barwood Pterocarpus soyauxii Westafrika	sehr dauerhaft nicht zutr.	740 gering	gut gut	begrenzt (LL) (BB) (F)	Außenausbau Innenausbau Möbel Schnitzholz	Sehr dekoratives Holz; leicht bearbeit- und lackierbar; kräftige rote Farbe.
PURPLEHEART Amarant Peltogyne spp. Mittel- und Südamerika	sehr dauerhaft nicht zutr.	880 gering	durchschnittl. / schwierig durchschnittl.	begrenzt (LL) (BB)	schweres Bauholz Bodenbeläge	Hartes, dauerhaftes Holz; meist für Seeschutzbauten verwendet; verladetrocken nur als Bauholz lieferbar.
RAMIN Melawis Gonystylus macrophyllum Südostasien	leicht zersetzend gut	670 stark	durchschnittl. durchschnittl.	sehr begrenzt	Holzformen	Nur in sehr kleinen Mengen zu bekommen, weil in Erzeugerländern Ausfuhrbeschränkungen für Schnittholz bestehen.
SAPELE Entandrophragma cylindricum Westafrika	mäßig dauerhaft schlecht	640 durchschnittl.	durchschnittl. durchschnittl.	gut (F)	Innenausbau Möbel Einbauteile Bodenbeläge	Ausgeprägtes, streifiges Muster bei Radialschnitt.

HANDELSNAME Andere Namen Botanischer Name Vorkommen	Dauerhaftigkeit Behandelbarkeit	Rohdichte kg/m³ Quellen und Schwinden	Bearbeitbarkeit Maserung	Lieferbarkeit (langes Langholz) (breite Bretter) (Furniere)	Anwendungen	Anmerkungen
BERGAHORN **Traubenahorn, Sycamore** **Acer pseudoplatanus** **Europa**	leicht zersetzend gut	630 durchschnittl.	gut fein	durchschnittl. (F)	**Innenausbau** **Möbel** **Einbauteile** **Drechslerholz**	**Attraktives Holz für Innenausbau;** **gut lackierbar; sehr blasses Holz;** **muß im Ofen vorsichtig getrocknet** **werden, um Farbwechsel von weiß** **zu grau zu vermeiden.**
TEAK **Tectona grandis** **Burma, Thailand**	sehr dauerhaft nicht zutr.	660 gering	durchschnittl. durchschnittl.	gut (LL) (F)	**Außenausbau** **Innenausbau** **Möbel** **Einbauteile**	**Attraktives Holz; sehr chemikalien-** **beständig; ölig – muß sorgfältig** **lackiert werden; vor Beschichtung** **Entfetten notwendig.**
SIPO **Utile, Assié** **Entandrophragma utile** **Westafrika**	dauerhaft nicht zutr.	660 durchschnittl.	durchschnittl. durchschnittl.	gut (LL) (BB) (F)	**Außenausbau** **Innenausbau** **Möbel** **Einbauteile**	**Attraktives Holz; sieht ähnlich** **wie Sapele aus, ist aber leichter** **bearbeit- und lackierbar.**
AFRIKANISCHER NUSSBAUM **Dibétou, Apopo, Lovoa** **Lovoa trichiloides** **Westafrika**	mäßig/nicht dauerhaft schlecht	560 gering	durchschnittl. gut	begrenzt (LL) (BB) (F)	**Innenausbau** **Möbel** **Einbauteile** **Schnitzholz**	**Dekoratives Erscheinungsbild;** **nimmt Beize gut an; als gutes,** **stabiles Holz für Innenausbau** **geeignet; vor Beschichtung u.U.** **Entfetten erforderlich.**

Holz allgemein

www.holzlexikon.de

Begriffsdefinition für Holz, Holzwerkstoffe und Bearbeitung

www.schiffsmodell.net/holz/dokument/indexfrm.htm

Eigenschaften und Beschreibung von ca. 800 Holzarten (sehr umfangreich)

www.osmo.de/sites/deseiten/service/hlexikon.html

Beschreibung der wichtigsten Holzarten

www.faf.de/linkverz.htm

Kommentiertes Linkverzeichnis zum Thema Holz

www.haf.de/linkv/lin_heellgr.htm

Kommentiertes Linkverzeichnis zum Thema Holz

Werkstoffe

www.gra-pa.at/projects/NeueBaustoffe/04-kap1.html

Befaßt sich vor allem mit Holzwerkstoffen (Platten, Sperrholz, Schichtholz usw.)

www.vhi.de/holzwerkstoffe/produktgruppen.htm

Beschreibung von Holzwerkstoffen

www.holz-technik.de

Beschreibung von Bearbeitungstechniken (mit Abbildungen)

www.weyerhaeuser.com

Internationales Forstprodukt-Unternehmen, das Bäume anbaut und erntet; verkauft Baumstämme, Bauprodukte, Holzspäne, Pappe, Papier und Verpackungen; Sammlung und Wiederverwertung von Altpapier, Kartons und Zeitungspapier; baut Ein- und Mehrfamilienhäuser und betreibt Landentwicklung.

www.plyboo-america.com; www.plyboo.de

Plyboo ist der erste Bodenbelag, der ausschließlich aus hartem und reifem Bambus hergestellt wird. Der Bambus wird in kontrollierten Wäldern geerntet.

Umweltschutz

www.greenpeace.org

Unabhängige Umweltorganisation, die mit gewaltfreier und kreativer Konfrontation globale Umweltprobleme aufdecken und grundlegende Lösungen für eine grüne und friedliche Zukunft erzwingen möchte.

www.efi.fi

Unabhängige, nichtstaatliche Organisation, die Forstforschung in Europa betreibt.

www.certifiedwood.org

Der Certified Forest Products Council (CFPC; Rat für zertifizierte Forstprodukte, USA) propagiert die Forstzertifizierung, um die Wälder der Welt zu erhalten, zu schützen und wiederherzustellen. Der CFPC hat das Certification Resource Center (Institut für zertifizierte Ressourcen) gegründet, um Interessierten die Möglichkeit zu geben, zertifizierte Produkte und Wälder zu finden, Forstzertifizierungssysteme zu vergleichen, ihr Wissen zu erweitern und aktiv zu werden.

www.ffcs-finland.org

Waldzertifizierungssystem; für regionale Bedingungen geeignet und in Finnland als FFCS (Finnisches Forstzertifizierungssystem) gegründet. Die FFCS-Zertifizierung gibt unvoreingenommen und zuverlässig an, daß Finnlands Wälder und Waldöko-systeme nachhaltig bewirtschaftet werden.

www.cites.org

Übereinkommen über den internationalen Handel mit gefährdeten Arten frei-lebender Tiere und Pflanzen (Washingtoner Artenschutzabkommen)

www.wcmc.org.uk/trees

Das World Conservation Monitoring Centre (Institut für Überwachung der welt-weiten Erhaltung von Tieren und Pflanzen) hat mit der Artenschutz-Kommission der IUCN (Internationale Union zum Schutz der Natur und der natürlichen Ressourcen) und einem Netz von Experten über 8.000 Bäume identifiziert, die global vom Aus-sterben bedroht sind. Diese Untersuchung, die von der niederländischen Regierung als Bestandteil des Projektes für Erhaltung und nachhaltige Bewirtschaftung von Bäumen unterstützt wurde, ist die erste ihrer Art, die weltweit den Erhaltungsstatus von Baumarten bewertet. Die Tree-Conservation-Datenbank enthält Angaben über einzelne Arten sowie eine rote Liste der IUCN und Informationen über Distribution, Nutzung, Ökologie, Gefährdung und Erhaltungsmaßnahmen. Zusammengefaßte Informationen über einzelne Arten werden in der Weltliste der bedrohten Bäume veröffentlicht.

www.ecotimber.co.uk

Unabhängige Firma mit über zehn Jahren Erfahrung in der Beschaffung und Ver-marktung von Holz aus gut bewirtschafteten Quellen.

www.earthsourcewood.com

Von Earthsource zertifizierte Holzprodukte stammen aus Wäldern, die wegen nachhaltiger Erntemethoden vom FSC (Forest Stewardship Council – Weltforstrat) zertifiziert sind; einer der größten Bestände an zertifizierten Hölzern.

Distribution

www.bdholz.de/karte.htm

Holzanbieter

www.itto.or.jp/Index:html

Die Internationale Tropenholz-Organisation (ITTO – International Tropical Timber Organization) wurde 1983 durch ein Abkommen gegründet und fungiert als Dialogorgan zwischen Produzenten- und Einfuhrländern; wirksame Rahmenbedingungen für alle Aspekte der Holzwirtschaft in den ITTO-Mitgliedsländern.

www.timberweb.com

Sehr gut für die weltweite Suche nach Holzherstellern und -lieferanten; auch Seite mit deutschen Branchennews

www.hardwoodinfo.com

Dieses Hartholz-Informationszentrum wird von der Hardwood Manufacturers Association betrieben; Fakten, Hinweise und nützliche Ratschläge über Harthölzer und Hartholzprodukte der USA.

www.holland-timber.nl/uk

Importeure und Exporteure von Hartholz für Möbel, Holzbearbeitung, Besenstiele, Bodenbeläge und viele andere Holzbranchen

www.mtc.com.my

Holzrat Malaysias

www.nmw.ac.uk/ectf/Default.htm

Das Edinburgh Centre for Tropical Forests (ECTF, Tropenholzinstitut Edinburgh) koordiniert und fördert interdisziplinäre Fachkenntnisse über Wälder in tropischen, subtropischen und gemäßigten Zonen. Die Arbeit der Mitglieder besteht unter anderem in strategischer und angewandter Forschung und fachlicher und technischer Schulung.

www.wrap.org.uk

Verband, der die Wiederverwertung von Holz zum Ziel hat und das Abfallrecycling fördert.

wwwo.noch

Verbände

http://lrbb.3pierroton.inra.fr

Öffentliches Forschungslabor für neue Verfahren und Entwicklungen bei Holz; zum Teil sehr interessante Arbeiten, zum Zeitpunkt der Abfassung dieses Buchs aber nur in französischer Sprache.

www.wood-works.org

Von der Industrie gelenkte und vom Canadian Wood Council (Kanadischer Rat für Holzprodukte) angeführte Initiative, um die Nutzung von Holz beim Bau gewerblicher, industrieller und öffentlicher Gebäude zu fördern.

www.cwc.ca/index.html.en

Der Canadian Wood Council (CWC) ist der nationale Verband, der die kanadischen Hersteller von Bauholzprodukten repräsentiert.

www.bdholz.de

Gesamtverband Holzhandel in Deutschland

www.timcon.org

Timcon (Timber Packaging and Pallet Confederation) ist die nationale Handelsvereinigung Großbritanniens, die im Interesse der Verpackungsholz-Industrie – vor allem Hersteller von Holzpaletten, Kisten, Verschlägen und Exportverpackungen – arbeitet.

www.fira.co.uk

Die Furniture Industry Research Association (FIRA; Forschungsverband der Möbelindustrie; Großbritannien) nimmt für sich in Anspruch, den Bedarf an besseren Normen durch Tests, Forschung und Innovationen für die Möbelindustrie und verwandte Branchen gefördert zu haben.

www.woodforgood.com

Wird ein Baum gefällt, werden zwei angepflanzt. Bei Wood for Good geht es darum, mehr Menschen dazu zu bewegen, diesen natürlichen Baustoff zu verwenden.

www.ttf.co.uk

Die 1892 gegründete Timber Trade Federation (TFF) ist die führende Holzhandelsvereinigung Großbritanniens.

www.trada.co.uk

Die Timber Research and Development Association (TRADA; Verband für Holzforschung und -entwicklung, Großbritannien) gilt international als sehr fachkundige Organisation für die Spezifikation und Nutzung von Holz und Holzprodukten.

www.apawood.org

Informationen über verarbeitete Holzprodukte

www.bwf.org.uk

Die British Woodworking Federation (BWF) gilt als die Stimme der holzverarbeitenden Industrie und Bautischlereien; sie repräsentiert Hersteller von Türen, Fenstern, Wintergärten, Treppen, Bautischlerholz, Holzrahmenhäusern und sonstigen verarbeiteten Holzkomponenten.

www.apa-europe.org

Die Engineered Wood Association zählt zu den weltweit führenden Stellen für verarbeitete Holzprodukte. Die Website richtet sich besonders an die britische und irische Bauindustrie und ist auch die Internetadresse der American Plywood Association.

www.iwsc.org.uk

Das Institute of Wood Science (Holzwissenschaftliches Institut) organisiert zusammen mit einigen Fachhochschulen und Schulungszentren in Großbritannien und Irland Kurse über Holztechnik und -nutzung und vergibt entsprechende Zeugnisse.

www.woodbureau.co.uk

Will besseres Verständnis für Holz als Grundfaserstoff fördern, der generell für viele verschiedene Branchen von großer Bedeutung ist; propagiert außerdem einen sachlichen Ansatz für die Nutzung von Holzfasern und Waldressourcen.

www.dgfh.de/index2.html

Zentrale Anlaufstelle für Förderprogramme und Forschungsergebnisse, Innovationsberatung

Designer

www.pwlimited.co.uk

www.hivespace.com

www.avad.net/avadopen.htm

www.twelvelimited.com

www.schmidingermodul.at

www.bonaldo.it

www.isokonplus.com/interface.htm

www.harveymaria.co.uk

www.paulcarruthersdesign.co.uk

www.jghdesign.co.uk

www.mallinson.co.uk

www.gazeburvill.com

www.berrychairs.co.uk

www.lee-international.com

www.intospace.co.uk

www.taskworthy.co.uk

www.rajko.net

www.gtdesign.it/index2.htm

www.lloydloom.com

www.coexistence.co.uk

www.marinerurbanista.com

www.dan-form.dk

www.tomschneiderdesigns.co.uk

www.attic2.co.uk/welcomeflash.htm

www.tablewithcrossedlegs.co.uk

S. 6–7 Balsa wood surfboard with thanks and acknowledgement to Melissa Harbour, photography by Daniel Hennessy; S. 8 Steam-bent Chair, with thanks and acknowledgement to Marc Newson; S. 16–17 Byron Armchair and Fara Sideboard, with thanks and acknowledgement to Philipp Mainzer; S. 18 Altar Furniture, with thanks and acknowledgement to Debbie Wythe; S. 19 Momentos Bureau, with thanks and acknowledgement to KC Lee; S. 20 Chair with Holes, with thanks and acknowledgement to Gijs Bakker; S. 21 Shuttle Office Furniture, with thanks and acknowledgement to The Gunlocke Company; S. 22–23 The Rockable and The Unrockable, with thanks and acknowledgement to Hans Sandgren Jakobsen; S. 24 Eighteen Cabinet, with thanks and acknowledgement to John Makepeace; S. 25 Whole Chair, with thanks and acknowledgement to David Landess; S. 26 Weeds, Aliens and Other Stories, with thanks and acknowledgement to Anthony Dunne, Fiona Raby and Michael Anastassiades; S. 27 Teak Garden Furniture, with thanks and acknowledgement to the Modern Garden Furniture Company; S. 28–29 Oak Tree Wall Box, with thanks and acknowledgement to Gill Wilson and the One Tree project, photography by Robert Walker; S. 30 Portable Orange Peeler, with thanks and acknowledgement to Marti Gruixé and Droog Design; S. 31 Split-willow Frame Basket, photography by Xavier Young; S. 32–33 Balsa Wood Surfboard with thanks and acknowledgement to Melissa Harbour, photography by Daniel Hennessy; S. 34 Jelutong models of design classics, with thanks and acknowledgement to Giovanni Sacchi; S. 35 Hickory Crook, with thanks and acknowledgement to James Smith; S. 36 Cheese Grater from the Twergi Collection, with thanks and acknowledgement to Alessi; S. 37 Lignum Vitae Sample, photography by Xavier Young; S. 38 Klick Candle-holder, with thanks and acknowledgement to Anna Frohm, photography by Xavier Young; S. 39 Vine Chair, with thanks and acknowledgement to John Makepeace; S. 42–43 Ivar Basic Unit and Sten Shelving Unit, with thanks and acknowledgement to Ikea; S. 44–45 Xylo Sideboard, with thanks and acknowledgement to Ben Panayi; S. 46–47 Pencil production, photography by Xavier Young; S. 49 Spruce Viol, with thanks and acknowledgement to Jane Julier; S. 50–51 Shoetree, with thanks and acknowledgement to Dunkelman & Son, photography by Xavier Young; S. 54–55 Power Play Chair and Footstool, with thanks and acknowledgement to Frank Gehry; S. 56–57 10.2lbs Table from the Multi-Ply Series, with thanks and acknowledgement to Foundation 33; S. 58 Flexiply™ Sample, with thanks and acknowledgement to the Tambour Company, photography by Xavier Young; S. 59 Pre-cut Flexible MDF sample, with thanks and acknowledgement to Neat Concepts Ltd., photography by Xavier Young; S. 60–61 Multi-Ply™ Samples, with thanks and acknowledgement to Tin Tab Ltd., photography by Xavier Young; S. 62 Propeller Blade, with thanks and acknowledgement to Permali Dehoplast Ltd.; S. 63 3pli®, Cristal de Ravier® and Arcane® Samples, with thanks and acknowledgement to Ravier; S. 64–65 Hob-Nob Biscuit Children's Furniture, with thanks and acknowledgement to Michael Marriott, Simon Maidmont and Oreka Kids; S. 66–67 Hammer, with thanks and acknowledgement to Thor Hammer; S. 68–69 Lalegerra Chair, with thanks and acknowledgement to Ricardo Blumer; S. 70–71 Skateboard, with thanks and acknowledgement to Skate of Mind; S. 74–75 Gardening Bench, with thanks and acknowledgement to Droog Design; S. 76–77 Straw Bowls, with thanks and acknowledgement to Kristiina Lassus and Alessi; S. 78–79 Cork Chair, with thanks and acknowledgement to El Ultimo Grito; S. 80–81 Coconut Fibre Board, photography by Xavier Young; S. 82–83 Chasen Tool, photography by Xavier Young; S. 84 Charcoal, photography by Xavier Young; S. 85 Chewing Gum, photography by Xavier Young; S. 86 Plastic Wood Composite Samples, photography by Xavier Young; S. 87 Veneer Samples, with thanks and acknowledgement to Alpi; S. 90–91 Wooden Wallpaper, with thanks and acknowledgement to Gilford, photography by Xavier Young; S. 92–93 Jean Maie Tjibaou Cultural Center, with thanks and acknowledgement to Renzo Piano Building Workshop; S. 94–95 Paralam Sample, with thanks and acknowledgement to Trus Joist, photography by Xavier Young; S. 96–97 Steko Block, with thanks and acknowledgement to Construction Resources, photography by Xavier Young; S. 98–99 Hooke Park College, with thanks and acknowledgement to The Parnham Trust; S. 100–101 Glulam Structure, with thanks and acknowledgement to the Glued Laminated Timber Association; S. 102–103 Weald and Downland Gridshell Workshop, with thanks and acknowledgement to the Weald and Downland Open Air Museum; S. 106 Jim Nature Television, with thanks and acknowledgement to Philippe Stark; S. 108 Bendywood, with thanks and acknowledgement to Mallinson; S. 109 Stool 60, with thanks and acknowledgement to Alvar Aalto; S. 110–111 Steam-bent Chair, with thanks and acknowledgement to Marc Newson; S. 112–113 Jaguar X Type interior, with thanks and acknowledgement to Jaguar; S. 114–115 CNC-processed Sample, with thanks and acknowledgement to Haldane (UK) Ltd.; S. 116–117 Friedman Toothpicks, photography by Xavier Young; S. 118–119 LCW Chair, with thanks and acknowledgement to Charles and Ray Eames, © 2002 Eames Office; Schizzo Chair, with thanks and acknowledgement to Ron Arad; S. 120 Red Ivory Sample, photography by Xavier Young; S. 121 Pipe with Billiard-shaped Bowl and Windshield, with thanks and acknowledgement to Dunhill, photography by Xavier Young; S. 122–123 Eclipse Laundry Bin, with thanks and acknowledgement to Christopher Laughton; S. 124–125 Sliding Chair, with thanks and acknowledgement to Yann Gafsou; S. 126 Pressed Laminated Tray, with thanks and acknowledgement to Neville UK, photography by Xavier Young; S. 127 Bademuschel Bathtub, with thanks and acknowledgement to Tilo Gnausch; S. 128–129 Matches, photography by Xavier Young; S. 130–131 Concents Wooden Socket, with thanks and acknowledgement to Koichi Futatsumata, photography by Xavier Young; S. 136–148 Wood samples, with thanks and acknowledgement to the Wood Bureau; S. 150–151 Japanese Drum, with thanks and acknowledgement to Asano Taiko.

Danke

Vielen Dank an Laura Owen und Nicole Mendelsohn bei RotoVision für ihre großartige Hilfe, Freundlichkeit und dafür, daß sie mir dabei halfen, dieses Buch bei einigermaßen klarem Verstand zu vollenden. An Aidan Walker für seine Vorschläge und Literaturhinweise. Und wieder an Becky Moss für ihre Unterstützung und Führung – und ein großes Kompliment für die so angenehme Zusammenarbeit.

Dank auch an John Park, bei dem ich mir immer Rat holen konnte. An Paul Sayers dafür, daß er mich in seiner unschätzbar wertvollen Büchersammlung stöbern ließ. An Dan Dimant, Mark Greene und Jackie Piper für ihre Ideen und Vorschläge. Vielen Dank an Andy Ellis und Sebastian Frith für ihren enthusiastischen Beitrag zu Skateboards. An Nick Rhodes und Jamie Brassett für ihr Feedback. An Simon Bolton für seine begeisterte Unterstützung bei der gesamten Material-Buchreihe. Dank auch an Jim Sullivan am CSM (Central St. Martin´s College of Art and Design) und Chris Whaite, den ehemaligen Möbelexperten am CSM, für seine unbezahlbare Hilfe und ausgezeichneten Vorschläge, als dieses Buch noch in den Kinderschuhen steckte.

Ich bedanke mich auch bei Marco Yip und Alison Lam für ihre Hilfe bei den Bildern und dafür, daß Marco mir ständig chinesische Holzartefakte anbot.

Dank an Michael Lee von der British Woodworking Federation und an die Timber Trade Federation für die Seiten mit den technischen Informationen. An Phil Norsworthy bei Dunkelmans für den Schuhspanner, an die Mitarbeiter bei James Smith für ihren Beitrag zu Gehstöcken, an Derek Mathers bei Thor Hammer und Guidio bei Skate of Mind.

Dank geht natürlich auch an meine Frau Alison für ihre vielen Ideen, Vorschläge und ihren nie versiegenden Enthusiasmus.